Aspectos sociais, políticos e éticos no ensino de química

Rebeca de Almeida Silva

Rua Clara Vendramin, 58 | Mossunguê
CEP 81200-170 | Curitiba-PR | Brasil
Fone: (41) 2106-4170
www.intersaberes.com
editora@intersaberes.com

Conselho editorial
- Dr. Alexandre Coutinho Pagliarini
- Dr.ª Elena Godoy
- Dr. Neri dos Santos
- Dr. Ulf Gregor Baranow

Editora-chefe
- Lindsay Azambuja

Dados Internacionais de Catalogação na Publicação (CIP)
(Câmara Brasileira do Livro, SP, Brasil)

Silva, Rebeca de Almeida
  Aspectos sociais, políticos e éticos no ensino de química/Rebeca de Almeida Silva. Curitiba: InterSaberes, 2022. (Série Aspectos Educacionais de Química).

  Bibliografia.
  ISBN 978-65-5517-294-2

  1. Química – Aspectos éticos 2. Química – Aspectos políticos 3. Química – Aspectos sociais 4. Química – Estudo e ensino 5. Química – História I. Título. II. Série

21-90189   CDD-540.7

Índices para catálogo sistemático:
1. Química: Estudo e ensino 540.7

Cibele Maria Dias – Bibliotecária – CRB-8/9427

Gerente editorial
- Ariadne Nunes Wenger

Assistente editorial
- Daniela Viroli Pereira Pinto

Edição de texto
- Floresval Nunes Moreira
- Gustavo Piratello de Castro
- Millefoglie Serviços de Edição

Capa e projeto gráfico
- Luana Machado Amaro (design)
- Sensay/Shutterstock (imagem)

Diagramação
- Andreia Rasmussen

Equipe de design
- Iná Trigo
- Luana Machado Amaro]

Iconografia
- Regina Claudia Cruz Prestes
- Sandra Lopis da Silveira

1ª edição, 2022.
Foi feito o depósito legal.
Informamos que é de inteira responsabilidade da autora a emissão de conceitos.
Nenhuma parte desta publicação poderá ser reproduzida por qualquer meio ou forma sem a prévia autorização da Editora InterSaberes.
A violação dos direitos autorais é crime estabelecido na Lei n. 9.610/1998 e punido pelo art. 184 do Código Penal.

Sumário

Apresentação ◻ 5

Como aproveitar ao máximo este livro ◻ 7

Capítulo 1
Aspectos sociais, políticos e éticos do ensino de Química ◻ 13

1.1 Química como ciência ◻ 15
1.2 Aspectos sociais ◻ 17
1.3 Aspectos éticos ◻ 31
1.4 Aspectos políticos ◻ 44

Capítulo 2
Política: definições e estrutura no Brasil ◻ 57

2.1 Conceito de política ◻ 59
2.2 História da política no Brasil ◻ 60
2.3 Sistema político do Brasil ◻ 65
2.4 Políticas públicas ◻ 85
2.5 MEC, CFQ e CRQ ◻ 93

Capítulo 3
Aspectos da química e a visão CTSA 95

3.1 Movimento CTS ◻ 97
3.2 Elementos da visão CTSA ◻ 104
3.3 Ensino da química na visão CTSA ◻ 117
3.4 Abordagem CTSA na formação docente ◻ 123

Capítulo 4
Pesquisa científica 128
4.1 Conceito de pesquisa científica □ 130
4.2 Tipos de pesquisa científica □ 131
4.3 Eixos da pesquisa científica □ 141
4.4 Etapas da pesquisa científica □ 142
4.5 Passos metodológicos específicos □ 153

Capítulo 5
Métodos científicos 155
5.1 Conceito □ 158
5.2 Método indutivo □ 161
5.3 Método dedutivo □ 165
5.4 Método hipotético-dedutivo □ 168
5.5 Método dialético □ 176
5.6 Método fenomenológico □ 180

Capítulo 6
Metodologia científica □ 184
6.1 Definição □ 186
6.2 Estrutura do trabalho científico □ 188
6.3 Artigo científico □ 217

Considerações finais □ 224
Referências □ 226
Bibliografia comentada □ 246
Sobre a autora □ 249

Apresentação

Ensinar é uma atividade complexa. É um ato que envolve diversos elementos, em seus diferentes ramos. Esta obra trata especificamente do ensino de química, considerando seus aspectos sociais, políticos e éticos.

Não nos restringiremos ao ensinamento de química, no intento de abarcar certos aspectos relacionados a essa temática e, para isso, fizemos alguns recortes visando a uma melhor compreensão por parte do(a) leitor(a).

Ao organizarmos este material, vimo-nos diante de uma infinidade de informações que gostaríamos de apresentar. Fizemos escolhas com o compromisso de auxiliar o(a) leitor(a) na expansão de seus conhecimentos sobre os aspectos sociais, políticos e éticos no ensino de química.

Iniciamos nossa abordagem demonstrando como a química, incluindo seus fenômenos e os estudos sobre eles, se manifestam no cotidiano das pessoas e como foram úteis para o desenvolvimento da humanidade ao longo de sua história.

Os seis capítulos que integram este livro reúnem contribuições da cognição/educação da informação, as regras, a estética, além de conceitos, características, equações, casos, entre outros temas de estudo.

No Capítulo 1, expomos os aspectos sociais, éticos e políticos no ensino da química. No Capítulo 2, enfocamos a política, apresentando um histórico da educação no Brasil, considerações sobre os Poderes (Executivo, Legislativo e Judiciário) e sobre as políticas públicas. No Capítulo 3, tratamos do movimento CTSA, considerando os elementos dessa visão e como acontece uma abordagem CTSA no ensino da química. Nos Capítulos 4 e 5, concentramo-nos em assuntos referentes à pesquisa científica. Dedicamos o Capítulo 4 à pesquisa científica, seus tipos, principais eixos e etapas. O Capítulo 5, por sua vez, reservamos à metodologia científica, explicando como deve ser a estrutura do trabalho científico e detalhando as partes que compõem esse tipo de documento: capa, lombada, elementos pré-textuais, elementos textuais, textuais, pós-textuais. Por fim, no Capítulo 6, versamos sobre o método científico.

Tendo elucidado alguns aspectos do ponto de vista epistemológico, esclarecemos que o estilo de escrita adotado é influenciado pelas diretrizes da redação acadêmica.

A vocês, leitores e pesquisadores, desejamos excelentes reflexões.

Como aproveitar ao máximo este livro

Empregamos nesta obra recursos que visam enriquecer seu aprendizado, facilitar a compreensão dos conteúdos e tornar a leitura mais dinâmica. Conheça a seguir cada uma dessas ferramentas e saiba como elas estão distribuídas no decorrer deste livro para bem aproveitá-las.

Conteúdos do capítulo
Logo na abertura do capítulo, relacionamos os conteúdos que nele serão abordados.

Após o estudo deste capítulo, você será capaz de:
Antes de iniciarmos nossa abordagem, listamos as habilidades trabalhadas no capítulo e os conhecimentos que você assimilará no decorrer do texto.

Introdução do capítulo
Logo na abertura do capítulo, informamos os temas de estudo e os objetivos de aprendizagem que serão nele abrangidos, fazendo considerações preliminares sobre as temáticas em foco.

O que é
Nesta seção, destacamos definições e conceitos elementares para a compreensão dos tópicos do capítulo.

Exemplificando
Disponibilizamos, nesta seção, exemplos para ilustrar conceitos e operações descritos ao longo do capítulo a fim de demonstrar como as noções de análise podem ser aplicadas.

Para saber mais
Sugerimos a leitura de diferentes conteúdos digitais e impressos para que você aprofunde sua aprendizagem e siga buscando conhecimento.

Perguntas & respostas

Nesta seção, respondemos a dúvidas frequentes relacionadas aos conteúdos do capítulo.

Exercícios resolvidos

Nesta seção, você acompanhará passo a passo a resolução de alguns problemas complexos que envolvem os assuntos trabalhados no capítulo.

Estudo de caso

Nesta seção, relatamos situações reais ou fictícias que articulam a perspectiva teórica e o contexto prático da área de conhecimento ou do campo profissional em foco com o propósito de levá-lo a analisar tais problemáticas e a buscar soluções.

Síntese

Ao final de cada capítulo, relacionamos as principais informações nele abordadas a fim de que você avalie as conclusões a que chegou, confirmando-as ou redefinindo-as.

Bibliografia comentada

Nesta seção, comentamos algumas obras de referência para o estudo dos temas examinados ao longo do livro.

Bibliografia comentada

GERHARDT, T. E.; SILVEIRA, D. T. (Org.). **Métodos de pesquisa**. Porto Alegre: Ed. da UFRGS, 2009.

Nesse material, são abordados assuntos como a metodologia da pesquisa científica, os métodos de pesquisa, a elaboração de uma pesquisa científica, a estruturação do projeto de pesquisa, as tecnologias da informação e comunicação na pesquisa e a ética na elaboração e escrita de um trabalho científico.

Entre os artigos que compõem a obra, figura a classificação dos tipos de pesquisa quanto a sua abordagem, sua natureza, seus objetivos e os procedimentos; ainda são analisados os três eixos da pesquisa científica e as sete etapas.

KÖCHE, J. C. **Fundamentos de metodologia científica**: teoria da ciência e iniciação à pesquisa. Rio de Janeiro: Vozes, 2011.

O autor enfoca a teoria da ciência, contemplando os conceitos de conhecimento científico e a relação entre a ciência e os métodos científicos. Trata, ainda, de assuntos relacionados à prática da pesquisa científica como os problemas, as hipóteses e as variáveis da pesquisa, os tipos de pesquisa, a estrutura e as normas, além de dar ao leitor orientações para a elaboração dos relatórios de pesquisa.

Capítulo 1

Aspectos sociais, políticos e éticos do ensino de Química

Conteúdos do capítulo:

- Aspectos sociais no ensino da química.
- Aspectos éticos no ensino da química.
- Aspectos políticos no ensino da química.

Após o estudo deste capítulo, você será capaz de:

1. relatar os principais acontecimentos na história do ensino da química;
2. indicar a importância das aplicações da química no desenvolvimento da sociedade;
3. explicar a importância da inclusão no ensino da química;
4. justificar a importância da ética ambiental;
5. relacionar ética e cidadania;
6. apontar a importância das políticas públicas da educação.

A vida contemporânea está diretamente relacionada com a química, visto que é impossível imaginar nossa existência sem alguns princípios da química. Essa ciência está associada a fenômenos e reações que contribuíram com a evolução da humanidade ao longo do tempo.

O ensino de química deve conduzir à cidadania. Isso significa que deve ajudar a formar um sujeito atuante na sociedade, capaz de tomar decisões lançando mão do senso crítico, ético, político e cultural e do conhecimento sobre seus direitos e deveres. O propósito da educação, incluindo o componente curricular de Química é possibilitar ao homem o desenvolvimento de uma visão crítica, tendo instrumentos para analisar, compreender e utilizar esse conhecimento no cotidiano. Um exemplo no âmbito da química é ter conhecimentos que o levem a perceber situações que reduzem sua qualidade de vida e saber atuar sobre elas, como diante do impacto ambiental provocado pelos rejeitos industriais e domésticos que poluem o ar, a água e o solo.

1.1 Química como ciência

A química é uma ciência que surgiu da curiosidade humana ante a composição de todas as coisas e o funcionamento do mundo natural.

O que é

O que é a química?

De acordo com Atkins (2003, p. 1), "A Química é definida basicamente como a ciência que estuda a matéria e suas transformações".

Trata-se de uma ciência fascinante, ligada, em diversos pontos, a outros campos do conhecimento, como a física, a biologia, a matemática, a história e a geografia. Além disso, está presente em praticamente todas as atividades humanas, sendo indispensável para a manutenção da vida.

A importância do ensino da química se justifica justamente, entre outras razões, por ter reflexos para o bem-estar e o desenvolvimento da sociedade e para a preservação do meio ambiente. De acordo com Chassot (1995, citado por Quimentão; Milaré, 2015, p. 48), "Devemos ensinar Química para permitir que o cidadão possa interagir melhor com o mundo".

O ensino de Química envolve a contextualização sociocultural dos conhecimentos, isto é, a discussão sobre processos químicos e suas implicações sociais e ambientais. Um exemplo disso é a análise da utilização de materiais e a produção de resíduos decorrente desse uso. Demanda, ainda, a contextualização sócio--histórica, ao serem abordados, por exemplo, conhecimentos sobre o átomo e a estrutura da matéria. Pode ser dado a conhecer ao estudante o impasse que permeou a química no século XIX, quando a existência do átomo foi negada por falta de evidências empíricas que dessem suporte ao modelo atômico de Dalton, revelando que, no nascimento das teorias, as certezas convivem com controvérsias (Brasil, 2018).

1.2 Aspectos sociais

Uma tendência atual no ensino da química é enfatizar aos estudantes os aspectos sociais associados ao desenvolvimento e as aplicações dessa ciência, incluindo aí o conhecimento da história da química.

A abordagem histórica pode ajudar a detectar os obstáculos derivados da elaboração dos conceitos, sendo também importante na análise de sua construção, além de auxiliar na leitura de como os conceitos foram construídos e (re)elaborados.

De acordo com Martins (2005), a abordagem **internalista**, ou conceitual, discute fatores de natureza científica e é utilizada para o desenvolvimento de conceitos teóricos; já a abordagem **externalista** lida com fatores extracientíficos, como influências sociais e políticas, contextualizando o ensino à perspectiva de ciência, tecnologia e sociedade.

1.2.1 A história da química

A química é uma ciência exata fundamentada em fatos e comprovações científicas. Contudo, ao longo da história, a elaboração e o desenvolvimento de técnicas químicas evoluiu, exemplo disso é a alquimia, uma prática de caráter místico que floresceu durante a Idade Média mesclando ciência, arte e magia. Os alquimistas se dedicavam a obter o elixir da vida, a fim de garantir a imortalidade e a cura das doenças do corpo, e a busca pela pedra filosofal (chamada de "Grande Obra"), que teria o poder de transformar metais comuns em ouro. Praticada por diversos povos antigos (árabes, gregos, egípcios, persas, babilônios, mesopotâmicos etc.), a alquimia está associada a conhecimentos de medicina, metalurgia, astrologia, física e química.

Os alquimistas contribuíram para a elaboração e a prática de várias técnicas de laboratório que são aplicadas até hoje (com algumas modificações), embora não explicassem como os fenômenos ocorriam. Podemos destacar as técnicas de destilação, sublimação e o simples banho-maria.

Sucedendo à alquimia, a iatroquímica, representada por Phillipus Aureolus Theophrastus Bombast von Hohenheim (1493-1541), conhecido como Paracelso, herdou um legado de procedimentos laboratoriais sem um método estabelecido. Essa escola médica não chegou aos resultados esperados, mas possibilitou a descoberta, a extração e a síntese de muitas substâncias químicas, culminando com sua utilização no tratamento de doenças da época.

Os cientistas Boyle e Lavoisier foram essenciais para que a química alçasse ao *status* de ciência. O físico e químico irlandês Robert Boyle ficou conhecido principalmente pela introdução do uso do **método científico**, ou seja, apenas hipóteses não bastavam, era preciso comprová--las cientificamente. No século XVII, quando se desenvolveu o Iluminismo, o francês Antoine Laurent Lavoisier fundou a química moderna (Pedrolo, 2014).

Entre suas principais contribuições, estão o lançamento do primeiro livro de química moderna, o *Traité élémentaire de chimie, présenté dans un ordre nouveau et d'après les découvertes modernes* ("Tratado elementar de química"), em Paris, em 1789. Nesse livro, Lavoisier refuta a teoria do flogisto* e estabelece o conceito de elementos como substâncias que não podem ser decompostas. Uma importante consequência de seu trabalho foi a **lei da conservação das massas**.

Nesse período, a química já estava consolidada como ciência. Foi, então, retomado o estudo da constituição da matéria e dos modelos atômicos.

O primeiro modelo foi lançado em 1800, por John Dalton (1766-1844), fundamentado na lei da conservação das massas, que considerava o átomo uma partícula indivisível, entre outros aspectos. Em 1898, Joseph John Thomson (1856-1940) lançou o segundo modelo atômico, sugerindo que o átomo era uma esfera positiva que continha elétrons em toda a sua superfície. Esse modelo logo foi julgado inadequado. O terceiro modelo atômico foi sugerido por Ernest Rutherford (1871-1937), preconizando que o átomo continha um núcleo e uma eletrosfera, descobertos em um experimento com uma lâmina de ouro

---

* A teoria do flogisto foi desenvolvida pelo químico e médico alemão Georg Ernst Stahl a partir de 1659-60. Ela afirmava que todas as substâncias inflamáveis continham uma substância fundamental e etérea, denominada flogisto, que se desprendia desses elementos no decorrer da combustão ou era absorvida por eles durante o processo de calcinação.

bombardeada com partículas alfa. Na sequência, esse modelo foi aperfeiçoado por Niels Bohr (1885-1962), sugerindo que o átomo tem um núcleo ao redor do qual os elétrons giram em órbitas (Figura 1.1), o que teve grande importância no progresso dos estudos sobre a radioatividade (Pedrolo, 2014).

Figura 1.1 – A evolução dos modelos atômicos

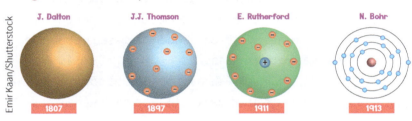

Em paralelo aos avanços nos estudos dos arranjos atômicos, progrediam os estudos sobre a tabela periódica e a radioatividade.

Johann Wolfgang Döbereiner (1780-1849) inaugurou a história da tabela periódica, criando a **lei das tríades** (1824), seguido por John Newlands (1837-1898), que criou a **lei das oitavas** (1864), e em seguida, por Dimitri Ivanovich Mendeleev (1834-1907), que encontrou o **fator da periodicidade** (1869), fundamental para a organização dos elementos. Por último, Henry Moseley (1887-1915) definiu o **número atômico** (1913) como parâmetro para a organização dos elementos na tabela periódica.

Com relação à radioatividade, Henri Becquerel (1852-1908), Marie Curie (1867-1934) e Pierre Curie (1859-1906) desenvolveram os principais estudos na área. Becquerel atestou a emissão de radiação a partir do elemento urânio e, com essa descoberta, ganhou, com o casal Pierre e Marie Curie, o Prêmio Nobel de Física, em 1903. Marie Curie descobriu os elementos químicos rádio e polônio, que ficaram conhecidos por seu alto índice de radiação. A cientista também foi laureada com o Nobel de Química, em 1911.

Com a combinação entre teoria e experimentação, a química alcançou grandes conquistas nos dois últimos séculos. Atualmente, o setor industrial vem apresentando sucesso no desenvolvimento tecnológico de processos e produtos por ter voltado seu olhar para a evolução dos conceitos químicos, e a tendência é que isso se intensifique.

Exercício resolvido

1. A discussão sobre o desenvolvimento da química até a contemporaneidade abrange o estudo dos períodos históricos referentes à alquimia, à iatroquímica, à perspectiva mecanicista dos séculos XVII e XVIII e à instituição da química como uma ciência moderna, no século XVIII. Alguns personagens foram fundamentais para essa história. Sobre a contribuição deles, assinale a alternativa que indica os fatores que suplantaram a teoria dos quatro elementos.
    a) Os esforços do casal Marie e Pierre Curie, que levaram à descoberta do polônio e do rádio e, após a morte de Pierre, o desenvolvimento dos raios X.
    b) Transformação da pesquisa química qualitativa em quantitativa empreendida por Antoine Lavoisier, formulando explicitamente a lei da conservação das massas.

c) A iatroquímica, que combatia a alquimia, afirmando que um cientista verdadeiro dedicava-se à produção de medicamentos, e não à fabricação do ouro, na figura de Paracelso (1493-1541).
d) O modelo atômico de John Dalton (1766 - 1844) que foi proposto no início do século XIX, abordando concepções acerca da matéria e do átomo.

Gabarito: b
Feedback **do exercício**: As contribuições para o desenvolvimento da história da química mencionadas em todas as alternativas estão corretamente relacionadas aos respectivos cientistas. Mas a contribuição científica que superou a ideia de que tudo era composto por apenas quatro elementos (fogo, água, terra e ar), foi a descoberta no século XVII de Robert Boyle, que negou vários pressupostos alquimistas e lançou os primeiros alicerces da ciência atualmente conhecida como química, seguido por Lavoisier e John Dalton, na sequência.

1.2.2 Aspectos históricos do ensino de Química

A química teve em sua gênese estreita relação com o estudo da medicina, e o interesse pela cura das doenças foi propulsor para sua evolução.

De acordo com Maar (2004), no início do século XVIII, a quimiatria, que é a química aplicada à prática da medicina, prevalecia entre os estudiosos da ciência antiga. Ainda no século XVIII, ocorreu o fracionamento dos conhecimentos químicos por meio da especificação de seu estudo e, em seguida, devido a certas descobertas e aos avanços em outras áreas de atividades tecnológicas, surgiu a química atual.

A química passou a ser estudada com base nas necessidades específicas de cada área correlata, sendo elas: a química tradicional, voltada à medicina; a botânica, com ênfase em farmácia; a metalurgia, concentrada nos avanços tecnológicos da época; e a química independente, utilizada pelas faculdades de filosofia. Entretanto, foi no Iluminismo que a química se firmou como disciplina independente, deixando de ser um complemento do ensino médico (Maar, 2004).

Ainda segundo Maar (2004), foi nessa época que a química se fortaleceu como ciência autônoma, o que viabilizou a profissionalização dos químicos. Então, a química passou a servir aos interesses do Estado e a ensejar inovações nos processos de produção, como o tingimento de tecidos e a fabricação de vidros e cerâmicas.

A química foi introduzida como disciplina independente na faculdade de Filosofia, encerrando, assim, a fusão entre química e medicina. A transferência desse componente do curso de Medicina para o de Filosofia não foi apenas um gesto burocrático; em verdade, consistiu em uma das formas de institucionalização da química (Maar, 2004).

Nesse período, nas faculdades de Filosofia, sucedeu-se a união da química à física e à matemática. Essa junção, que persiste no contexto atual, foi bastante frutífera. Possibilitou, por exemplo, a amplificação dos estudos químicos, o que pode ser facilmente percebido pela utilização de cálculos, de modo que alguns fenômenos nunca compreendidos finalmente ganharam sentido. Essa interdisciplinaridade embasou a matematização e a estruturação racional da química (Maar, 2004).

1.2.3 A importância do ensino de Química no desenvolvimento da sociedade

Muitas pessoas entendem a química como uma ciência teórica/filosófica, que não se encaixa no cotidiano, que é apenas do interesse, do conhecimento e de estudo dos profissionais de área, e inacessível para a maior parte das pessoas.

Exemplificando

Se observarmos o dia a dia, notaremos a presença dos princípios da química em diversos acontecimentos corriqueiros. Na queima de combustíveis nos automóveis, na geração de energia, nas substâncias que compõem produtos de beleza, de limpeza, medicamentos etc. Eles ainda se revelam na tecnologia, no meio ambiente e até mesmo em alimentos que consumimos, entre tantos outros exemplos.

É interessante, portanto, que todo indivíduo tenha algum conhecimento de química para participar na sociedade. A esse respeito, Martins, Santa Maria e Aguiar (2003, p. 18) declaram que:

> Trata-se de formar o cidadão-aluno para sobreviver e atuar de forma responsável e comprometida nesta sociedade científico-tecnológica, na qual a Química aparece como relevante instrumento para investigação, produção de bens e desenvolvimento socioeconômico e interfere diretamente no cotidiano das pessoas.

Para Nunes e Adorni (2010), no que se refere ao ensino da química, percebe-se que os alunos, na maioria das vezes, não conseguem compreender ou não são capazes de relacionar o conteúdo visto com seu cotidiano. Isso demonstra que o ensino carece de contextualização e interdisciplinaridade.

Trevisan e Martins (2006) concordam que o ensino de química deve priorizar a contextualização, associando o aprendizado aos acontecimentos cotidianos para que os alunos, além de compreenderem os fenômenos que os cercam, notem a relevância socioeconômica da química em uma sociedade bem-desenvolvida no sentido tecnológico.

Sem a química, a sociedade não teria se desenvolvido tanto em tecnologias necessárias para a sobrevivência da espécie humana; exemplos disso são a criação do saneamento básico e a produção de remédios.

A química é um elemento fundamental na medicina moderna. Por isso, é imprescindível que estudantes de nível superior com formação em áreas da saúde a dominem.

É bastante comum ouvir entre graduandos em Medicina, Farmácia, Biomedicina, Enfermagem, Fisioterapia frases como "Não gosto de química" ou "É uma matéria muito difícil", evidenciando a dificuldade que encontram para aprender os temas de estudo dessa área do saber. Incertezas sobre a pertinência de tal disciplina no currículo acadêmico são notórias (Vieira, 1996).

Tais questionamentos também são comuns nos níveis fundamental e médio da educação. Ao serem introduzidos aos primeiros conhecimentos da química, os estudantes deparam com um grande embaraço na compreensão da disciplina. Silva (2011) relata que a química é vista por alunos do ensino médio como uma disciplina abstrata e complexa, e essa visão permanece entre aqueles ingressam no nível superior.

Um fator que obsta a compreensão da química é a defasagem do aprendizado de disciplinas interligadas a ela. A incapacidade de absorção do conteúdo, por vezes, se relaciona com o desconhecimento de operações básicas de matemática e de interpretação de texto, por exemplo. Muitas vezes, a falsa impressão de complexibilidade deriva justamente da baixa competência em outros componentes curriculares. Essa deficiência pode ser motivada pela ausência de estímulo adequado ou por processos de aprendizagem precários (Santos et al., 2014).

Exemplificando

Del Pintor (2016), ao realizar uma pesquisa por meio de questionários com estudantes de uma escola da rede pública de ensino, constatou que, entre os selecionados, 62,64% têm dificuldades em compreender química, e 86,81% acreditam que a forma como a matéria é ensinada influencia na aprendizagem. Esse estudo aponta para a amplitude de um problema que se inicia na educação fundamental, mas é arrastado para as salas de aula das instituições de ensino superior.

Logo, a evolução da aprendizagem no ensino superior é um reflexo dos ensinamentos oferecidos durante a formação do ensino básico.

Utilizar métodos de interdisciplinaridade e multidisciplinaridade para ampliar a absorção do conhecimento é uma prática eficaz na formação superior. As disciplinas podem ser interligadas de forma a complementar e solidificar os conceitos por elas apresentados. Essa forma de exposição proporciona ao aluno uma visão mais realista, permitindo que desenvolva os conhecimentos adquiridos durante o período de sua formação em seus desafios profissionais diários.

Para isso, o docente tem de enfatizar as ligações entre os conteúdos ministrados em vez de se limitar à obrigação de transmissão deles.

Gonçalves (2005) ressalta que o desenvolvimento de pesquisas envolvendo professor e aluno fortalece o senso criativo e construtivo, além de incentivar no aluno a leitura e o diálogo críticos e constantes.

1.2.4 A inclusão e o ensino de química

Durante muitos anos, as pessoas com deficiência foram estigmatizadas e marginalizadas pela sociedade. Contemporaneamente, a **educação inclusiva** tem sido implantada com o objetivo de reverter esse quadro e garantir oportunidades a essa parcela da população. Mesmo diante de recentes conquistas provenientes de discussões e pesquisas na área e da implementação de políticas públicas inclusivas, ainda são frequentes os relatos sobre a dificuldade dos professores em tornar efetiva a inclusão em sua prática pedagógica Sabemos que o acesso à educação não prevê exceções. Contudo, quando se trata de alunos com deficiência, ainda há dúvidas e resistência sobre como garantir um ensino que considere suas especificidades.

O conceito de inclusão é costumeiramente compreendido de modo raso como a ação de inserir um aluno com necessidades especiais em uma escola. Entretanto, é mais que isso: trata-se de um processo que inclui, em todos os níveis da rede regular de ensino, todas as pessoas, independentemente de suas especificidades, garantindo-lhes, além do acesso, a permanência e a apropriação, com qualidade, do conhecimento produzido histórica e coletivamente pela humanidade (Deimling; Moscardini, 2012).

A educação inclusiva está fundamentada na Constituição Federal Brasileira (Brasil, 2016), na Lei de Diretrizes e Bases da Educação (Brasil, 1996), no Estatuto da Pessoa com Deficiência

(Brasil, 2015), entre outras leis e documentos. Esses textos declaram e garantem esse tipo de educação de forma gratuita em todas as etapas de ensino: fundamental, médio e superior. As instituições de ensino, escolas e universidades públicas necessitam se adaptar física e pedagogicamente, reorganizando sua infraestrutura e seus currículos a fim de ofertar a todos os alunos um ensino que forme cidadãos e profissionais.

Para Benite et al. (2014), o ensino da química oferece certos obstáculos na perspectiva da inclusão. Isso porque esse componente curricular envolve pela existência de uma linguagem e terminologias específicas, alto nível de abstração dos conceitos, além de presença marcante de elementos visuais, como gráficos, tabelas e equações.

Há diferentes formas de se expor um conteúdo e cada aluno tem peculiaridades de aprendizagem. Por essa razão, os professores têm de ser treinados para utilizar formas alternativas de ensinar um mesmo conteúdo. Por exemplo, é preciso desenvolver novas maneiras de expor aos alunos cegos conteúdos que demandam visualização, como uma reação química ou a geometria molecular de uma substância; igualmente, é necessário encontrar novas metodologias para ensinar a alunos cuja língua materna é a Língua Brasileira de Sinais (LIBRAS) a nomenclatura de compostos químicos, entre outros assuntos que exigem o uso termos específicos da área (Oliveira; Benite, 2015; Sousa; 2012).

Essa realidade exige que os professores recebam capacitação especializada, formação continuada, além do suporte de profissionais de outras áreas como intérpretes e o apoio de centros especializados em educação inclusiva para a produção, o desenvolvimento e a aplicação de metodologias de ensino. Ademais, são necessários materiais didáticos que deem suporte ao processo de ensino e aprendizagem dos discentes com deficiências (Santos et al., 2020).

As pessoas com deficiência já estão presentes em todos os níveis de ensino, desde a educação infantil até a superior. De acordo com Salomão (2015), o número de matrículas de pessoas com deficiência em escolas regulares cresceu mais de 400% nos últimos 12 anos no Brasil, passando de 145 mil, em 2003, para 698 mil, em 2014. Somente no último quinquênio, foram mais 214 mil entradas de estudantes especiais em classes comuns. Na rede federal de educação superior, esse índice quintuplicou: de 3.705 alunos passou para 19.812, em 2020.

Não obstante esse grande número de alunos com deficiências dentro das escolas, os progressos relativos a sua inclusão em sala de aula ainda acontecem lentamente, em ambos os níveis de ensino, básico e superior; isso porque boa parte dos professores atuantes não têm uma formação voltada para essa especificidade (Uliana; Mól, 2017; Vilela-Ribeiro; Benite, 2010).

Exemplificando

Santos et al. (2020) realizaram um levantamento bibliográfico em periódicos nacionais sobre educação inclusiva no ensino de química. Foram consultados 2.472 artigos, publicados entre 2006 a 2019, e, entre estes, foram identificadas apenas 37 publicações referentes a esse tema. Com base em uma análise quantitativa e qualitativa, os autores verificaram um baixo e irregular crescimento no número anual das publicações, com prevalência de publicações nas regiões Centro-Oeste e Sul do Brasil. A maior parte das pesquisas foi feita por alunos do ensino superior. O assunto mais abordado nesses artigos foi a formação de professores, sendo detectada uma superioridade numérica de artigos sobre a deficiência visual.

Está evidenciada a importância de se abordar esse assunto objetivando desmistificar a ideia de que alunos com deficiência não conseguem compreender o conteúdo conceitual das aulas. Pensar e falar sobre o tema é um modo de contornar as dificuldades da inclusão, uma vez que estratégias não usuais podem ser buscadas de modo a respeitar as necessidades dos alunos em sala de aula.

1.3 Aspectos éticos

Uma das funções da educação é estimular o sujeito aprendente a problematizar os fenômenos que o cercam. Problematizar é pensar com criticidade (Oliveira, 2010). A argumentação, o diálogo e a problematização envolvendo questões éticas no ensino podem ser um caminho promissor.

De acordo com os Parâmetros Curriculares Nacionais (PCNs), o bloco disciplinar das ciências da natureza (Química, Física e Biologia) objetiva "Contribuir para a compreensão do significado da ciência e da tecnologia na vida humana e social, de modo a gerar protagonismo diante das inúmeras questões políticas e sociais para cujo entendimento e solução as Ciências da Natureza são uma referência relevante" (Brasil, 2000b, p. 93).

Os PCNs especificam objetivos que, ao serem implementados com o suporte adequado, podem contribuir para o estabelecimento de interfaces entre a ética e o ensino científico. Dentre eles destacam-se:

- Aplicar as tecnologias associadas às Ciências Naturais na escola, no trabalho e em outros contextos relevantes para sua vida;
[...]
- Entender a relação entre o desenvolvimento das Ciências Naturais e o desenvolvimento tecnológico, e associar as diferentes tecnologias aos problemas que se propuseram e propõem solucionar;
- Entender o impacto das tecnologias associadas às Ciências Naturais na sua vida pessoal, nos processos de produção, no desenvolvimento do conhecimento e na vida social.
(Brasil, 2000b, p. 13)

Oliveira (2010) aponta a necessidade de se articular o ensino de química à ética ao expor temas de estudo como desequilíbrios ambientais, radioatividade, uso dos polímeros, emprego de técnicas que geram produtos poluentes (resíduos), uso de agrotóxicos e consumo de medicamentos sem receita médica.

1.3.1 Ética ambiental

Criado na década de 1960, o conceito de ética ambiental tem origem filosófica e consiste em um conjunto de teorias e indicações práticas que se dirigem ao cuidado com o meio ambiente. Além de estimular a intimidade das pessoas com a natureza de modo a zelar por ela, a ética ambiental preconiza que as relações entre os seres humanos sejam respeitosas e construtivas e que essa lógica se estenda ao relacionamento com animais, plantas, espécies e ecossistemas.

Com relação à utilização de agrotóxicos, o Brasil lidera o *ranking* de consumo, devido a sua importante atuação na agricultura e como consequência de políticas que suportam o agronegócio sem prezar pela preservação do meio ambiente.

É oportuno problematizar, por exemplo, o discurso de boa parte dos agricultores, que afirma empregar os defensivos agrícolas em razão de serem mais baratos do que os métodos biológicos conhecidos para a prevenção de pragas. Embora isso possa ser considerado verdadeiro no modelo atual, tal argumento enfatiza apenas o aspecto econômico, desconsiderando-se os malefícios que essas substâncias causam para os seres vivos. A discussão ética poderia, então, ser conduzida a partir da adoção dessa perspectiva mais ampla (Oliveira, 2010).

Perguntas & respostas

O que são agrotóxicos?

Agrotóxicos são substâncias químicas utilizadas mormente na agricultura e servem para o controle de doenças e pragas nas plantações. Também conhecidos como *defensivos agrícolas* ou *pesticidas*, esses produtos alteram as características da fauna e da flora para evitar que outros organismos vivos causem danos nas plantações.

Tal debate amplia as concepções sobre a química e perpassa várias áreas do ensino, pois a destinação ambiental dos agrotóxicos é permeada por diversos fatores que vão desde suas propriedades físico-químicas até as condições meteorológicas. Com relação à saúde humana, têm amplo espectro de atuação, podendo produzir efeitos agudos variados, quando da exposição imediata e direta a concentrações danosas, e múltiplos efeitos crônicos devido à exposição a baixas concentrações por longo prazo (Moraes et al., 2010/2011).

No que diz respeito à consciência e às inferências em realidades sociais locais, Silva et al. (2003) investigaram como era feita a devolução e a destinação final das embalagens vazias dos agrotóxicos no estado de Goiás. Trata-se de um estudo de verificação do cumprimento da Lei Federal n. 7.802, de 11 de junho de 1989 (Brasil, 1989) e das alterações efetuadas na Lei n. 9.974, de 6 de junho de 2000 (Brasil, 2000a), regulamentada pelo Decreto n. 4.074, de 4 de janeiro de 2002 (Brasil, 2002a), que prevê a divisão da responsabilidade de descarte das embalagens de agrotóxico entre a indústria, o comércio e os usuários, sendo o Instituto Nacional de Processamento de Embalagens Vazias (InpEV) o segmento a que cumpre efetivar legislação.

Moraes et al. (2010/2011, p. 4-5) afirmam que:

> o quantitativo de agrotóxicos utilizados para controlar pragas e ervas daninhas nas lavouras geraram, em 2002, uma quantidade de 2.063 toneladas de embalagens vazias com diferentes graus de toxidade. Uma das práticas adotadas para a destinação desse material era o aterro que danificava

o solo para a agricultura, o descarte das embalagens nos rios, a reciclagem sem o devido controle e, muitas vezes, reutilização doméstica de forma inapropriada, aumentando os riscos à natureza e à saúde.

Os baixos percentuais de recolhimentos de embalagens vazias de agrotóxicos evidenciam a premência de um projeto de comunicação integrado que vise à conscientização de todos os envolvidos, desde o fabricante até o usuário (Silva et al., 2003).

A legislação mencionada é resultado do interesse de oferecer tratamento adequado aos problemas ambientais e de saúde oriundos do lixo tóxico, determinando que as embalagens sejam projetadas de forma a favorecer o reaproveitamento sem representar riscos ambientais e à saúde. Essas determinações legais já deveriam, por si só, chamar a atenção da sociedade, porém, na prática, isoladamente a legislação não surte o efeito almejado quando desassociada de ações educativas para a população e uma participação ética por parte desta.

Outro exemplo da necessidade de consciência ético-ambiental são as práticas experimentais de química, que, em sua grande maioria, implicam o uso de produtos químicos (reagentes químicos). Esses produtos precisam ser armazenados antes do uso e após as atividades experimentais, envolvendo geração de resíduos. Tanto a armazenagem de produtos quanto a gestão dos resíduos químicos deveriam ser feitas sob protocolos que, na maioria das vezes, não são adotados nas escolas. Além disso, as atividades realizadas por pequenos geradores, como instituições de ensino e de pesquisa, laboratórios de análises químicas e físico-químicas, normalmente são consideradas não impactantes pelos órgãos fiscalizadores, raramente sendo fiscalizadas quanto ao descarte de seus rejeitos químicos.

A produção, o tratamento e a disposição final dos resíduos químicos provenientes de laboratórios de ensino despertaram o interesse acadêmico na década de 1980. Entretanto, ações concretas nessa direção surgiram apenas a partir dos anos 1990, quando se multiplicaram as publicações e os eventos dedicados ao tema (Tavares; Bendassolli, 2005; Gerbase et al., 2005).
O interesse no gerenciamento de resíduos perigosos é reflexo dos acordos/tratados/protocolos firmados por vários países, entre eles o Brasil, com o intuito de minimizar os impactos causados pelo homem ao meio ambiente.

No âmbito nacional, destaca-se a preocupação com o meio ambiente em leis e decretos federais, entre os quais, citamos:

- o artigo n. 225 da Constituição da República Federativa do Brasil promulgada em 1988, que trata sobre o meio ambiente (Brasil, 2016);
- a Lei n. 9.605, de 12 de fevereiro de 1998 (Brasil, 1998), que dispõe sobre as sanções penais e administrativas aplicáveis às condutas lesivas ao meio ambiente, para pessoa física e jurídica. É conhecida como *Lei dos Crimes Ambientais* e representa um significativo avanço na tutela do ambiente, por inaugurar uma sistematização das sanções administrativas e por tipificar organicamente os crimes ecológicos;
- a Lei Federal n. 9.795, de 27 de abril de 1999 (Brasil, 1999), conhecida também como *Política Nacional de Educação Ambiental*, a qual prevê a educação ambiental obrigatória para todos os níveis de ensino, mas não como disciplina

à parte, e sim como um processo para construir valores sociais, conhecimentos, atitudes e competências, visando à preservação ambiental;

☐ a Lei n. 12.305, de 2 de agosto de 2010 (Brasil, 2010), que institui a Política Nacional de Resíduos Sólidos (PNRS), é bastante atual e contém instrumentos que estimulam o avanço necessário no enfrentamento dos principais problemas ambientais, sociais e econômicos decorrentes do manejo inadequado dos resíduos sólidos.

O material gerado nas atividades de ensino está contemplado na PNRS, em seu art. 13, que considera:

> resíduos perigosos aqueles que, em razão de suas características de inflamabilidade, corrosividade, reatividade, toxicidade, patogenicidade, carcinogenicidade, teratogenicidade e mutagenicidade, apresentam significativo risco à saúde pública ou à qualidade ambiental, de acordo com lei, regulamento ou norma técnica. (Brasil, 2010)

Os resíduos químicos e materiais utilizados em laboratórios são alguns dos produtos que oferecem grande risco de contaminação para o meio ambiente. Isso porque, ao entrarem em contato com a natureza, muitas dessas substâncias podem afetar os ecossistemas e suas formas de vida de maneira muito agressiva, causando poluição entre outros danos.

Em conformidade com a Resolução n. 358 do Conama (2005), **resíduo químico** é todo material ou substância, quando não submetido a processo de reutilização ou reciclagem, que pode apresentar risco à saúde pública ou ao meio ambiente, dependendo de suas características de inflamabilidade, corrosividade, reatividade e toxicidade.

A seguir, listamos os resíduos químicos que, de acordo com a mencionada resolução do Conama, devem ser acondicionados, rotulados e encaminhados para uma área de armazenamento externo para serem descartados adequadamente: produtos hormonais; produtos antimicrobianos; citostáticos; antineoplásticos; imunossupressores; digitálicos; imunomoduladores; antirretrovirais, quando descartados por serviços de saúde, farmácias; resíduos saneantes, desinfetantes, desinfestantes; resíduos contendo metais pesados; reagentes para laboratório; inclusive os recipientes contaminados por estes; efluentes de processamento de imagem (reveladores e fixadores); efluentes de equipamentos automatizados utilizados em análises clínicas; produtos considerados perigosos, conforme classificação da NBR 10004 da ABNT: tóxicos, corrosivos, inflamáveis e reativos (Conama, 2005).

Estar atento ao descarte adequado de tais resíduos é fundamental para evitar riscos ambientais e chances de contaminação de diversas espécies.

Em se tratando dos resíduos de laboratório, o primeiro cuidado a ser tomado refere-se à periodicidade, ou seja: deve haver um controle de quando e quais materiais serão descartados. Outro cuidado importante é descartar os materiais sempre em suas embalagens originais, especialmente os resíduos líquidos, pois a maioria desses recipientes são projetados de modo a evitar acidentes, como vazamentos, e confeccionados com materiais que não são corroídos pelo produto. Em acréscimo, a embalagem ajuda a identificar a substância, o que pode evitar que pessoas desavisadas entrem em contato com a substância.

Cabe aos laboratórios adotar as práticas corretas de manejo de resíduos, bem como capacitar seus funcionários e exigir que eles sigam normas de segurança específicas.

Exercício resolvido

1. O descarte de resíduos químicos é uma questão socioambiental de relevo, pois, quando não é feito de adequadamente, tais resíduos colocam em perigo a saúde das pessoas e o meio ambiente. Por isso, há normas que regulamentam o descarte seguro desses materiais. Nesse contexto, considere as afirmativas a seguir:

   I. Para se fazer o descarte seguro de produtos químicos, a rotulação é importante, pois evita que produtos incompatíveis sejam misturados. Há produtos que, se entrarem em contato um com outro, podem provocar acidentes.
   II. Alguns resíduos químicos, dependendo de suas características, podem provocar contaminação, corrosão e até combustão.
   III. A lei que institui a Política Nacional de Resíduos Sólidos (PNRS) não abrange as normas para descartes de resíduos químicos líquidos, apenas dos resíduos sólidos, implicando na ausência de uma norma para seu descarte.
   IV. Armazenar, rotular e encaminhar resíduos químicos para um local apropriado são cuidados que devem ser tomados para que o descarte seja feito de maneira correta.

Agora, assinale a alternativa que lista todas as afirmações verdadeiras:

a) III e IV.
b) II e IV.
c) II, III e IV.
d) I, II e V.

Gabarito: d

Feedback do exercício: Sobre as características dos resíduos químicos e os cuidados a serem tomados desde seu armazenamento até seu descarte, as informações estão todas corretas, exceto a que diz respeito à Política Nacional de Resíduos Sólidos (PNRS). Apesar de contemplar de forma geral os resíduos sólidos, em seu artigo n. 13, são citados nesse texto os resíduos perigosos, abrangendo os sólidos, semissólidos e líquidos não passíveis de tratamento convencional, que, por suas características, apresentam periculosidade efetiva e potencial à saúde humana, ao meio ambiente e ao patrimônio público e privado. Tais substâncias requerem cuidados especiais quanto ao acondicionamento, à coleta, ao transporte, ao armazenamento, ao tratamento e à disposição.

Retomando o tema das práticas experimentais, embora o assunto e todas as implicações atreladas a ele permeiem o meio acadêmico, ainda não houve incorporação concreta nas ações diárias no ensino, na pesquisa ou na extensão, não sendo as atividades guiadas por preceitos norteadores da química verde e pelos princípios da educação ambiental (Lenardão et al., 2003).

A química verde busca diminuir ou eliminar o uso de substâncias que promovem poluição, bem como recuperar a qualidade do meio ambiente. Esse ramo da química propõe ações regidas por doze princípios, quais sejam: (1) prevenção, (2) economia ou eficiência atômica, (3) redução de toxicidade, (4) desenvolvimento de produtos seguros e eficientes, (5) eliminação de solventes e outros auxiliares de reação, ou uso seguro destes, (6) otimização do uso de energia, (7) uso de matérias-primas de fontes renováveis, (8) evitamento de derivações desnecessárias, (9) catálise, (10) desenvolvimento de produtos degradáveis após o término de vida útil, (11) monitoramento/controle de processos em tempo real e (12) desenvolvimento de processos seguros.

1.3.2 Ética e cidadania

Segundo Cortina e Martinez (2005), a palavra *ética* deriva do grego *ethos*, tendo originalmente o sentido de "morada", "lugar em que se vive" e adquirindo posteriormente o sentido de "caráter", "modo de ser". A ética seria, portanto, algo a ser praticado na vida diária por todo indivíduo para melhor conviver e contribuir para o bem-estar no grupo.

Segundo Torresi, Pardini e Ferreira (2008), a ética deve gerir todos os âmbitos das atividades humanas; por isso, apresenta diversas variações quando relacionada à ciência, à política, à economia, aos negócios, à química, à medicina ou a publicações científicas.

Se voltarmos nosso olhar para a formação do profissional da área de Educação em Química, o tema ética atinge questões que precisam ser ainda melhor discutidas, pois, como na maioria das áreas, está, ou deveria, estar inserido tanto durante a formação inicial quanto na formação continuada e em toda esfera educacional, com o intuito de propiciar uma formação mais cidadã, crítica e reflexiva. (Lazzarin; Malacarne, 2018, p. 2)

As Diretrizes Curriculares para os Cursos de Química (Brasil, 2001), entre outras determinações, estabelecem que durante sua formação, o químico licenciado deve desenvolver ou aprimorar sua capacidade crítica para: analisar de maneira conveniente seus conhecimentos; assimilar os novos conhecimentos científicos e/ou educacionais; e refletir sobre o comportamento ético que a sociedade espera de sua atuação e de suas relações com o contexto cultural, socioeconômico e político.

A conscientização sobre a ética na disciplina de Química e sobre sua importância na sociedade deve permear o dia a dia dos profissionais da química.

Segundo Puig (2003, citado por Marcilio, 2007, p. 89):

> Educar para a cidadania implica, portanto, a instrução e a formação de um cidadão participativo, entendido como pessoa que participa da vida pública, comprometido com seus direitos e sua liberdade, sem deixar de comprometer-se como o bem comum e a coletividade da qual faz parte. Uma pessoa capaz de refletir, de dialogar e de viver segundo valores e normas sociais.

Educadores químicos brasileiros defendem a formação da cidadania como objetivo básico do ensino dessa ciência; logo, a química deve estar diretamente relacionada com esse dever. De acordo com Ferreira e Santos (2014) não há como uma sociedade se erigir sobre a ética e a cidadania sem que a educação e a dignidade sejam seus pilares.

1.3.3 Visão filosófica da ética

A ética é o ramo da filosofia que se dedica a compreender o agir dos seres humanos além de seus comportamentos e seu caráter.

Na filosofia clássica, a ética referia-se à busca da harmonia entre os indivíduos, sendo uma forma de conviver com outras pessoas, sem impedir que cada um se dedique aos próprios interesses. Nessa fase, a ética abrangia diversas outras áreas de conhecimento, como a estética, a psicologia, a sociologia, a economia, a pedagogia e a política (Significados, 2021).

Desde a Antiguidade, vários filósofos, como Sócrates, Aristóteles, Epicuro e outros, entendiam-na como uma área da filosofia baseada nas normas da sociedade, na conduta dos indivíduos e no que os faz escolher entre o bem e o mal. Esses pensadores acreditavam que a ética estava ligada com a política e com a participação da vida em sociedade (Significados, 2021).

Na filosofia contemporânea, o estudo da ética inicia-se com a Revolução Industrial. O espanhol Fernando Savater (2004), em seu livro *Ética para meu filho*, aborda o significado da palavra *ética* no viés filosófico, afirmando que, ao contrário de outros seres, os seres humanos podem inventar e escolher, em parte, sua forma de vida. Os homens podem optar pelo que lhes parece bom, ou seja, conveniente, em oposição ao que lhes parece mau e inconveniente. Como têm o potencial de inventar e escolher, estão sujeitos a se enganar, o que não acontece com indivíduos de outras espécies. Assim, é prudente que atentem para o que fazem, procurando adquirir certo saber-viver que lhes permita acertar. Esse saber-viver, ou arte de viver, é o que pode ser chamado de *ética* (Savater, 2004).

1.4 Aspectos políticos

Entre os aspectos políticos relacionados à educação e ao ensino estão as políticas públicas: medidas tomadas pelo governo para assegurar direitos à população, assistência ou prestação de serviços. O objetivo é garantir que a população tenha acesso aos direitos garantidos pela lei.

Existem muitos tipos de políticas públicas, em todas as áreas, por exemplo: saúde, assistência social, cultura, educação, entre outras.

Para Brock e Schwartzman (2005), há vários problemas na educação básica que devem ser comtemplados pelas políticas públicas educacionais, questões que visam à qualidade da educação, como a reintegração de adolescentes, jovens e adultos que, por algum motivo, não concluíram o ensino formal ou estão em situação de defasagem.

O que é?

Segundo Lenzi (2017b; 2018), políticas públicas de educação são ações ou programas elaborados pelo governo para colocar em prática medidas que assegurem o acesso à educação para todos os cidadãos. Além de garantir a educação para todos, têm função de avaliar a qualidade do ensino do país e contribuir para sua melhoria.

Lenzi (2018) menciona as seguintes políticas públicas de educação existentes no Brasil:

- Programa Brasil Alfabetizado: estimula a alfabetização de jovens, adultos e idosos.
- Educação para Jovens e Adultos (EJA): visa à educação de adultos que não terminaram os estudos na idade correta. O EJA compreende desde o ensino fundamental até o ensino médio.
- Programa Universidade Para Todos (Prouni): oferta bolsas de estudo em instituições privadas de ensino superior. As bolsas são reservadas aos estudantes com renda baixa que ainda não cursaram o ensino superior.
- Programa Escola Acessível: destina recursos financeiros a escolas públicas para serem realizadas adequações arquitetônicas, de forma a garantir acessibilidade, recursos didáticos e pedagógicos para favorecer a igualdade e condições de acesso e permanência aos alunos com deficiência.
- Apoio à Formação Superior e Licenciaturas Interculturais Indígenas (Prolind): fornece apoio financeiro aos cursos de licenciaturas indígenas/interculturais que formam professores para o ensino médio e para os anos finais do ensino fundamental das comunidades indígenas. Segundo

depoimento da coordenadora do Prolind de Alagoas, Iraci Nobre da Silva (2015), o projeto possibilita aos professores indígenas ampliar suas competências profissionais. Com isso, eles são instrumentalizados a ensinar, de maneira responsável e crítica, na conjuntura intercultural, em que as escolas indígenas estão introduzidas. Ainda, têm mais subsídios para buscar estratégias voltadas à interação dos diversos saberes que se entrelaçam no processo escolar, entre os quais, os conhecimentos acadêmicos e universais e os étnicos, próprios do grupo, de suma relevância nos contextos escolares indígenas.

Exemplificando

Segundo Torquato Jr. (2015), a partir da iniciativa precursora da Universidade Estadual de Alagoas (Uneal), financiada pelo Programa Prolind, cursos de licenciatura em Letras, Pedagogia, História e Ciências Biológicas (a qual abrange o ensino da química) foram ofertados. Um dos resultados foi a formação, nas aldeias indígenas do estado, de 80 professores qualificados nas quatro grandes áreas do ensino. Essa foi uma demonstração do compromisso dessa instituição de ensino com a sociedade alagoana em assegurar o direito à educação de qualidade, determinado na Constituição Brasileira, na Lei de Diretrizes e Bases da Educação Nacional e no Plano Nacional de Educação.

- Programa Caminho da Escola: aprimora e expande a frota de veículos que faz o transporte escolar nas redes de ensino estaduais e municipais.
- Fundo de Manutenção e Desenvolvimento da Educação Básica (Fundeb): fundo aplicado ao aumento de investimento financeiro do Governo Federal em projetos de educação nos estados.
- Educação em Prisões: programa educativo de apoio financeiro e técnico para ofertar ensino a jovens e adultos que cumprem pena no sistema prisional.
- Programa Brasil Profissionalizado: programa de educação profissionalizante dirigido aos jovens que se encontram matriculados no ensino médio de uma escola pública.
- Programa Nacional de Acesso ao Ensino Técnico e Emprego (Pronatec): programa de estímulo a cursos técnicos e profissionalizantes destinado a estudantes da rede pública de ensino, trabalhadores e beneficiários de outros programas sociais do governo.
Os cursos oferecidos pelo Pronatec apresentam duas modalidades, levando em consideração o nível de escolaridade, são elas (EAD, 2019):
  - Formação Inicial e Continuada (FIC): direcionada para quem deseja começar uma nova carreira, e para quem já tem formação e almeja aprimorar seus conhecimentos em determinada área.
  - Educação Técnica: com a combinação de aulas práticas e teóricas, o estudante alcança sua formação, necessária para iniciar sua atuação profissional. Entre os cursos

de educação técnica tem-se: Química, Farmácia, Meio Ambiente, Análises Clínicas, Automação Industrial, Administração, Mecânica, Redes de Computadores, Biblioteconomia, Biotecnologia, Desenho de Construção Civil, Enfermagem, Finanças, Dança, Recursos Humanos e Segurança do Trabalho.

☐ MedioTec: oferta cursos de ensino técnico dedicado aos estudantes do ensino médio de escolas públicas estaduais. É uma espécie de extensão do Pronatec e oferece formação técnica e profissional em tempo integral, fornecendo certificação dupla: de nível médio e de nível técnico. As vagas são definidas com base na metodologia adotada na Bolsa Formação, com o mapeamento das demandas do mundo do trabalho e renda, inclusive considerando as prospecções de crescimento econômico e social das regiões do país (Pronatec, 2020).

Além disso, a Constituição Federal, em seu artigo n. 205 (1998), garante o direito dos cidadãos de ter acesso à educação: "A educação, direito de todos e dever do Estado e da família, será promovida e incentivada com a colaboração da sociedade, visando ao pleno desenvolvimento da pessoa, seu preparo para o exercício da cidadania e sua qualificação para o trabalho" (Brasil, 2016, p. 23). Já a Lei de Diretrizes e Bases (LDB) estabelece as principais regras a serem seguidas pelo sistema educacional do país. É aplicada tanto para a rede pública de ensino quanto para a rede privada. Dessa forma, a LDB visa estender os benefícios da escola a toda a sociedade, com respeito às diferenças e limitações e tratando o indivíduo como agente de sua própria aprendizagem (Lenzi, 2018).

Para saber mais

Sugerimos a leitura da parte referente ao componente curricular da disciplina de Química da Base Nacional Comum Curricular (BNCC). Essa indicação se justifica por se tratar de um modelo para a renovação e o aprimoramento da educação básica como um todo, além de indicar os conhecimentos essenciais aos quais os estudantes têm o direito em todo território nacional. A organização do currículo de Química é feita em seis unidades de conhecimento que abordam os principais temas da disciplina e algumas práticas de investigação relevantes para a sociedade brasileira.

SOCIEDADE BRASILEIRA DE QUÍMICA. Regional Bahia. **Componente curricular**: Química. Disponível em: <http://www.sbq.org.br/bahia/sites/sbq.org.br.bahia/files/componente_curricular_bncc_quimica.pdf>.

Ferreira e Santos (2014) relatam que o papel das políticas públicas educacionais é ajudar a enfrentar as dificuldades das escolas que diminuem a possibilidade de manter a qualidade na educação. Devem ser combatidos problemas relacionados à fome, às drogas e à violência que vêm se instalando nas escolas de todo o país. Ademais, deve-se levar em conta a estrutura física do local de ensino, a organização escolar, além do aporte metodológico e didático que possibilite aos docentes oferecer um processo de ensino e aprendizagem com qualidade e eficiência.

Exercício resolvido

1. As políticas públicas são ações perpetradas pelo Estado com a finalidade de proporcionar o desenvolvimento cultural e social de um povo. Com relação às políticas públicas educacionais no Brasil, assinale cada um dos itens a seguir como verdadeiro (V) ou falso (F):
   ( ) O Programa Escola Acessível procura adaptar a área física das escolas estaduais e municipais, com o intuito de proporcionar acessibilidade nas redes públicas de ensino.
   ( ) O Programa EJA visa levar educação a jovens e adultos, que não conseguiram concluir seus estudos.
   ( ) O Programa Brasil Alfabetizado é voltado para a alfabetização de crianças com idade avançada, sendo uma porta de acesso à cidadania e o despertar do interesse pela elevação da escolaridade.
   ( ) O Programa Brasil Profissionalizado visa incentivar o ensino fundamental e médio integrado à educação profissional.
   A sequência correta é:
   a) V; V; F; F.
   b) F; F; V; F.
   c) V; V; V; F.
   d) F; V; V, F.

Gabarito: a
***Feedback* do exercício**: O Programa Escola Acessível e o EJA estão descritos corretamente; no entanto, o Programa Brasil

Alfabetizado é voltado para a alfabetização de jovens, adultos e idosos e o Programa Brasil Profissionalizado é destinado apenas para alunos do ensino médio.

Para Schneider e Guindani (2015), as políticas públicas educacionais devem centralizar seus esforços na melhoria da qualidade no ensino. O propósito é garantir meios adequados para que as instituições exerçam seu papel com autonomia pedagógica, sendo administradas da melhor maneira possível com uma gestão escolar forte e segura, contando com o apoio do Estado e transmitindo, assim, maior segurança à sociedade.

Segundo Delgado e Silva (2018), a educação no Brasil ainda precisa superar grandes dificuldades, como o fraco desempenho dos professores em suas aulas, que muitas vezes são prejudicadas pela falta de recursos e condições de ensino, e a deficiência em sua formação, o que limita o trabalho das instituições de ensino. Problemas como esses somente podem ser minorados ou resolvidos mediante a implementação de políticas públicas educacionais.

Estudo de caso

Texto introdutório

Neste estudo de caso, abordamos aspectos éticos ligados ao meio ambiente. A situação em análise é uma pesquisa científica quantitativa realizada em laboratório com a utilização de matérias e substâncias que podem gerar resíduos químicos;

lembremos que estes devem ser acondicionados e descartados de maneira adequada sem causar impacto ao meio ambiente.

Texto do caso

Patrícia está finalizando a graduação no curso de bacharelado em Química e, para seu trabalho de conclusão de curso, fez uma pesquisa científica quantitativa no laboratório de microbiologia de sua faculdade.

Para realizar as práticas experimentais no laboratório, é obrigatório o uso de jaleco, calçados fechados (preferencialmente tênis), luvas, máscaras e óculos de proteção para evitar possíveis acidentes e contaminações. Afinal, ali se faz o manuseio de substâncias tóxicas, corrosivas, voláteis, ou seja, aquelas que geram vapores e que, quando inalados, podem causar tonturas ou até mesmo, dependendo da concentração, desmaios.

Os laboratórios de instituições de análises químicas e físico-químicas das instituições de ensino e de pesquisa, por serem pequenos geradores de resíduos, normalmente são considerados pelos órgãos fiscalizadores atividades não impactantes e, assim sendo, raramente são fiscalizados quanto ao descarte de seus rejeitos químicos.

Para sua pesquisa, Patrícia utilizou meios de cultura com microrganismos inoculados e alguns produtos e substâncias químicas. Nos rótulos dos produtos químicos, constam símbolos impressos que informam sobre a periculosidade do produto. Entre os produtos utilizados por Patrícia, estes apresentavam as características apresentadas na Figura A.

Figura A – Pictogramas

Com base nessas informações, apresente os procedimentos que Patrícia deveria realizar para descartar os resíduos gerados em sua pesquisa de forma correta.

Resolução

Com relação ao armazenamento e ao descarte dos materiais utilizados em sua pesquisa, Patrícia deve prosseguir como descrevemos a seguir.

Os meios de cultivo devem ser tratados conforme o grupo A1 dos resíduos de serviços de saúde, segundo a Resolução n. 306 da Anvisa (Brasil, 2004). Devem ser submetidos a tratamento, utilizando-se processo físico ou outros processos que vierem a ser validados para a redução ou eliminação da carga microbiana, em equipamento compatível com o nível III de inativação microbiana, como a autoclave. Todos os materiais empregados no laboratório de microbiologia em que foram inoculados meios de cultura devem ser previamente autoclavados antes de serem descartados como resíduo hospitalar.

Após esse tratamento, devem ser acondicionados em saco branco, que devem ser substituídos quando atingirem dois terços de sua capacidade ou, pelo menos uma vez a cada 24 horas, e identificados. Os sacos de resíduos infectantes devem ser lacrados antes do descarte.

Se não tiverem sido misturados com outras substâncias durante os experimentos, os resíduos químicos líquidos perigosos devem ser mantidos nas embalagens originais. Não havendo a possibilidade de se utilizar a embalagem original, devem ser utilizados galões e bombonas de plástico rígido fornecidos aos laboratórios, resistentes e com tampa rosqueada e vedante. Esse tipo de embalagem deve ser utilizado para acondicionar misturas de substâncias líquidas. A relação de substâncias que reagem com tais continentes de polietileno de alta densidade está na Resolução n. 306 da Anvisa (Brasil, 2004). Deve-se usar o limite de 90% da capacidade do recipiente. Quando utilizadas bombonas ou galões de 20 litros ou mais, estes devem ser preenchidos até três quartos da capacidade total.

Dica 1

A cartilha de orientação de descarte de resíduo desenvolvida pela Faculdade de Medicina da Universidade de São Paulo (USP) propõe uma abordagem contemplando os resíduos infectantes (Grupo A), resíduos químicos (Grupo B), rejeitos radioativos (Grupo C), resíduos comuns (Grupo D), resíduos perfurocortantes (Grupo E).

TOMAZINI, F. M. **Cartilha de orientação de descarte de resíduo no sistema FMUSP-HC**. Disponível em: <https://www.biot.fm.usp.br/pdf/cibio_Cartilha_descarte_de_residuo_FMUSPHC.pdf>. Acesso em: 9 mar. 2022.

Dica 2

O vídeo indicado a seguir, elaborado por professores da Universidade Estadual de Londrina (UEL), destina-se ao aprendizado das normas de segurança e descarte de resíduos químicos em um laboratório.

OLIVEIRA, M. L. **Gerenciamento, segurança e descarte de resíduos químicos (UEL)**. 2009. Disponível em: <https://www.youtube.com/watch?v=DJ6mNrgISQc>. Acesso em: 9 mar. 2022.

Dica 3

O material especificado a seguir foi elaborado pela professora Ana Marta Ribeiro Machado, coordenadora da Unidade de Gestão de Resíduos (UGR), e pelo professor Nemésio Neves Batista Salvador, chefe da Coordenadoria Especial para o Meio Ambiente (CEMA). Nesse escrito, são abordadas as normas de procedimentos para segregação, identificação, acondicionamento e coleta de resíduos químicos.

MACHADO, A. M. R.; SALVADOR, N. N. B. **Gestão de resíduos químicos.** Disponível em: <https://analiticaqmcresiduos.paginas.ufsc.br/files/2013/10/UFSCar.pdf>. Acesso em: 9 mar. 2022.

Síntese

O ensino da química visa desenvolver no aluno a competência de tomar decisões de forma crítica, baseadas em informações e com consciência de suas consequências para a sociedade. Todas as contribuições dos estudiosos ao longo da história da química foram de extrema importância para sua consolidação como saber científico.

O tema da inclusão no ensino de química tem sido pouco abordado, não obstante a premência de profissionais capacitados para atuar de forma igualitária no ensino.

A ética, a cidadania e a educação ambiental estão diretamente relacionadas e se manifestam nas atitudes e nos comportamentos de cada indivíduo. As políticas públicas da educação têm por finalidade encontrar maneiras de solucionar as barreiras sociais presentes na educação, reduzindo as diferenças sociais dentro da sala de aula e consequentemente os níveis de escolaridade.

Capítulo 2

Política: definições e estrutura no Brasil

Conteúdos do capítulo:

☐ Conceito de política.
☐ História da política no Brasil.
☐ Poderes Executivo, Legislativo e Judiciário.
☐ Políticas públicas.

Após o estudo deste capítulo, você será capaz de:

1. conceituar política;
2. relatar de forma sucinta a história da política no Brasil;
3. explicar como são formados os poderes Executivo, Legislativo e Judiciário e diferenciar suas atribuições;
4. descrever os tipos de políticas públicas;
5. especificar as etapas necessárias para o desenvolvimento das políticas públicas e indicar os resultados para a sociedade.

Para o filósofo grego Aristóteles, a função da política era atender aos interesses dos cidadãos, e as medidas adotadas pelo governo deveriam atender a esses interesses. A ciência política estuda sistemas, instituições, processos e fenômenos políticos em determinado governo ou Estado. Trata-se de uma área que busca compreender a estrutura e as mudanças dos processos de governo ou qualquer sistema de organização que garanta segurança, justiça e direitos civis aos cidadãos.

Assim, quando pensamos na política de um país, em sua estrutura e organização, existem três poderes políticos que norteiam suas ações: o Executivo, o Legislativo e o Judiciário. Esses poderes são designados a executar resoluções públicas, criar leis e julgar os cidadãos, respectivamente.

As ações do governo desenvolvidas para resolver problemas públicos após análises e avaliações são designadas *políticas públicas*, e elas devem contar com a participação dos cidadãos para a solução de problemas que atingem a sociedade civil.

2.1 Conceito de política

A política é uma atividade orientada ideologicamente para as tomadas de decisão concernentes a um grupo para alcançar determinados objetivos. Também pode ser definida como o exercício do poder para a resolução de um conflito de interesses.

A utilização do termo passou a ser popular quando Aristóteles produziu sua obra intitulada *Política*, a qual era composta de oito livros e permeada por reflexões acerca de assuntos como ética e, por óbvio, política. Nesse livro, o filósofo grego define política como a ciência que visa à felicidade dos cidadãos; porém, para que esse objetivo seja alcançado, o governo deve agir com justiça e democracia, e as leis precisam ser obedecidas.

A ciência política é a disciplina que estuda essas atividades. Os profissionais dessa área recebem o título de *politólogos*, mas as pessoas que ocupam cargos profissionais no Estado ou aspiram a estes são designados *políticos*. A política pode ser entendida, ainda, como a atividade que o cidadão pratica quando exerce seus direitos tratando de assuntos políticos, seja por meio de seu voto, seja por meio de suas opiniões.

Para se estabelecer uma convivência harmoniosa em uma sociedade, faz-se necessária a política, pois ela organiza e regula o convívio entre seres humanos diferentes. A política é a capacidade do homem de pensar, analisar, refletir, decidir e agir. Ela não nasce no homem, mas entre os homens, com base na convergência de interesses e na existência de objetivos comuns compartilhados livre e espontaneamente.

2.2 História da política no Brasil

A história política do Brasil guarda vários acontecimentos marcantes e tem características distintas de acordo com cada fase histórica do país.

Iniciamos nossa abordagem com o período monárquico, fase em que a estrutura política e partidária do Brasil concentrava-se na ação de dois partidos políticos: o Liberal e o Conservador. Esses partidos tinham pequenas divergências, porém uma pauta dividia a política brasileira: a questão federalista. Havia um debate de relevo no concernente à autonomia ou não das províncias brasileiras e ao poder centralizado ou não do imperador.

Além disso, a participação na política era limitada a um pequeno grupo. Nessa época, a Lei Saraiva, de 1880, reduziu ainda mais o grupo de pessoas autorizadas a participar da política no Brasil, decretando que o voto passaria a ser direto (antes era indireto) e que teriam direito a votar apenas os homens com renda superior a 200 mil réis anuais e que fossem capazes de assinar o documento de alistamento militar.

Em seguida, desenrolou-se o período republicano, inicialmente conhecido como a Primeira República, ou República Velha, compreendendo os anos entre a Proclamação da República (1889) e a Revolução de 1930, quando mudanças no sistema político se efetivaram gradativamente. Os destaques dessa etapa foram a Política do Café com Leite, que era a prática de revezamento no poder entre as oligarquias de São Paulo e Minas Gerais, e a Política dos Estados, uma rede de troca de favores. Vale ressaltar que eram muito comuns as eleições fraudadas nesse período.

Entre 1930 e 1945, momento histórico conhecido como *Era Vargas*, sucedeu-se a Segunda República (de 1930 a 1937) e a Terceira República (de 1937 a 1945). Várias mudanças importantes aconteceram nessa fase. O Código Eleitoral, instituído em 1932, estabeleceu o voto secreto, concedeu o sufrágio universal feminino, tornou o voto obrigatório e criou instituições que futuramente atuariam de forma independente para garantir a legitimidade das eleições realizadas no país.

Segundo Neves (2022), a Quarta República (de 1945 a 1964), o Brasil teve sua primeira experiência democrática. As eleições não eram fraudadas e ocorreu a aproximação do eleitor com os partidos políticos. Essa consolidação da democracia e da vida político-partidária no contexto nacional foi interrompida pelo Golpe de 1964 e pela Ditadura Militar, regime que se estendeu de 1964 a 1985 e impôs várias restrições aos direitos políticos dos cidadãos brasileiros.

No final da década de 1970, havia sinais que apontavam para o retorno da democracia no Brasil, com os militares encabeçando uma transição lenta, gradual e que não levasse à condenação de crimes cometidos por membros do regime (principalmente os relacionados com tortura). A partir de 1983, a população iniciou grandes manifestações que exigiam o retorno das eleições diretas para a escolha do presidente da nação (Figura 2.1). Após a ditadura, começou a Nova República, fase democrática em que o sistema político nacional foi construído tendo como alicerce a Constituição de 1988 (Neves, 2022).

Atualmente, o Brasil é uma república presidencialista, na qual as eleições para presidência ocorrem de quatro em quatro anos, e o presidente eleito tem direito a disputar somente uma reeleição.

Figura 2.1 – Manifestação pelas eleições diretas

Luiz Saenz Parra/Folhapress

Diante da necessidade de dividir a administração e o controle do país, fragmentou-se o território brasileiro em estados, municípios e distritos. Hoje, o Brasil está dividido em 26 estados, chamados também de *unidades da Federação,* e o Distrito Federal, unidade federativa criada para abrigar a capital do país, a cidade de Brasília. Grande parte das decisões políticas acontece na sede do governo federal, que se localiza nessa cidade.

As delimitações dos territórios de muitos dos estados brasileiros foram adotadas, principalmente, no final do século XIX. Contudo, houve outras mudanças mais recentes: em 1977, fundou-se o Mato Grosso do Sul; em 1988, Goiás foi dividido, dando origem a Tocantins. Os estados têm legitimidade para criar leis autônomas, mas que são subordinadas à Constituição Federal Brasileira. A subdivisão dessas unidades corresponde aos municípios, os quais também têm leis próprias, que devem seguir os princípios da Carta Magna. Dentro dos territórios municipais é possível encontrar outra divisão de proporção menor, os distritos (Freitas, 2020).

Exercício resolvido

1. A história política do Brasil se divide em um período monárquico e um republicano; este se subdivide em quatro fases, estando a última, a Nova República, em vigor. Sobre as características desses períodos, avalie as afirmativas a seguir e marque a **incorreta**:
   a) A Ditadura Militar existiu até 1985, quando já havia pressão popular por abertura política, sobretudo a campanha pelas Diretas Já.
   b) A Primeira República, ou República Velha, ficou marcada pela concentração do poder político nas mãos das oligarquias.
   c) A Terceira República foi marcada por várias tentativas de golpe de Estado, incluindo o Golpe de 1964.
   d) A Era Vargas abrange os quinze anos nos quais Getúlio Vargas governou o país.

Gabarito: c
Feedback do exercício: Na Ditadura Militar, mesmo com milhares de pessoas nas ruas, a reforma do Estado foi feita de forma "lenta e gradual", como queriam os militares. Durante a Primeira República, as elites rurais paulista e mineira detiveram o poder do governo federal, garantindo os interesses da oligarquia

agrária, o que motivou os historiadores a identificarem-na como *República Oligárquica*. Sobre o golpe de Estado, este ocorreu na Quarta República, e não na Terceira República, diferentemente do que se afirma na alternativa "c".

2.3 Sistema político do Brasil

O Brasil é uma república federativa presidencialista. *República*, porque o chefe de Estado é eletivo e temporário; *federativa*, pois aos Estados se resguarda autonomia política; e *presidencialista*, uma vez que as funções de chefe de Governo e chefe de Estado são exercidas pelo presidente.

A administração do Estado é dividida em três poderes. A teoria dos três poderes foi proposta por Charles de Montesquieu em seu livro *O espírito das leis*, de 1748. O autor afirma que para não haver abusos, é necessário, por meios legais, dividir o poder em Executivo, Legislativo e Judiciário.

O Poder Executivo "atua com o privilégio de representar os cidadãos, de modo a tirar do papel os direitos e deveres e fazê-los ser cumpridos" (Júnior, 2018). O presidente pode vetar ou sancionar leis criadas pelo Legislativo. Este formula as leis e julga as propostas do presidente. O parlamento brasileiro é composto de duas casas: a Câmara dos Deputados e o Senado. Qualquer projeto de lei deve primeiramente passar pela Câmara e depois, se aprovado, pelo Senado. Já o Poder Judiciário deve interpretar as leis e fiscalizar seu cumprimento (Dantas, 2022).

Apesar de divididos, os poderes têm de atuar em harmonia para garantir uma administração política dinâmica e organizada.

2.3.1 Poder Executivo

O Brasil conta com um sistema de governo sob o qual o presidente, além de ter ampla legitimidade e visibilidade a ele conferidas por sua eleição pelo povo, detém várias prerrogativas constitucionais no que se refere à direção da administração pública e ao processo legislativo; logo, é natural que o Poder Executivo seja o centro de gravidade do regime político.

Tal centralidade deriva não apenas da estrutura constitucional do país, mas também de fatores históricos e do padrão de carreiras políticas. Entre os primeiros, destacam-se o papel desempenhado pelo Estado no desenvolvimento econômico nacional ao longo do século XX e o legado dos regimes autoritários vigentes nos períodos de 1930 a 1945 (Era Vargas) e de 1964 a 1985 (Ditadura Militar).

O Poder Executivo é dotado de poderes, como o hierárquico, o disciplinar, o regulamentar e o de polícia, além de princípios que devem reger suas atividades, como a legalidade, a impessoalidade, a moralidade, a publicidade e a eficiência.

Primordialmente, suas funções são: administrar interesses do povo, governar segundo relevância pública, fazer serem efetivas as leis e dividir entre os três níveis de governo a gestão administrativa em educação, saúde, segurança, mobilidade urbana, entre outras áreas. É interessante perceber que algumas atribuições são mormente destinadas a um dos entes da federação, seja a União, os estados ou os municípios.

O Poder Executivo é subdividido em três esferas: federal, estadual e municipal. No Brasil, por ser um país presidencialista, em âmbito federal é representado pelo presidente da República em exercício e pelo vice-presidente, eleitos por meio de voto direto pelo povo em eleições que ocorrem de quatro em quatro anos. O presidente é o responsável pela escolha de todos os ministros, os diretores e o presidente do Banco Central do Brasil e outros cargos importantes, como o advogado-geral e o procurador-geral da República. A administração federal, as relações e negócios internacionais e outras funções de responsabilidade nacional são atribuídas a esse poder.

Com base na Constituição, são funções do Poder Executivo federal (Lenzi, 2017a):

- cumprir o orçamento público de acordo com a sua elaboração,
- sancionar e promulgar leis aprovadas,
- dar veto a projetos de lei,
- prestar contas do orçamento para o Congresso Nacional,
- criar e arrecadar impostos federais,
- nomear os ministros responsáveis pelos Ministérios,
- escolher e nomear os ministros do Supremo Tribunal Federal (STF) e de outros Tribunais Superiores,
- nomear os membros do Conselho da República, os ministros do Tribunal de Contas da União (TCU) e o Advogado-Geral da União,
- criar e extinguir cargos públicos na esfera Federal,
- declarar guerra, caso o país seja alvo de uma agressão,

- decretar as situações de estado de defesa, estado de sítio e intervenção federal.

Em âmbito estadual, é representado pelo governador e pelo vice-governador. Esses cargos têm duração de quatro anos e os políticos também são escolhidos por meio de voto direto. A eles cumpre executar a legislação estadual, aprovada anteriormente pela Assembleia Legislativa.

São funções do Poder Executivo dos estados (Lenzi, 2017a):

- prestar contas do orçamento do Estado para a Assembleia Legislativa,
- solicitar ao governo federal medidas que sejam de interesse estadual,
- nomear os secretários de Estado (equivalentes aos ministros do governo federal),
- sancionar e promulgar leis,
- fazer a arrecadação de impostos estaduais,
- vetar projetos de lei,
- criar e recolher impostos estaduais,
- fazer o projeto de lei do orçamento estadual,
- definir o modo de funcionamento da administração estadual.

Ainda segundo Lenzi (2017a), o Distrito Federal é uma unidade da federação diferenciada, não sendo nem um estado nem um município; a despeito disso, seu modo de funcionamento e administração é semelhante ao adotado nos estados. A norma dessa unidade é a Lei Orgânica do Distrito Federal e o chefe do Executivo é o governador do Distrito Federal. Ele é auxiliado pelo vice-governador e pelas secretarias de estado. Esse poder também tem a função de administrar e colocar em prática os programas de governo e as leis. A legislação do Distrito Federal é elaborada pela Câmara Legislativa, que é o Poder Legislativo local.

A Câmara Legislativa do Distrito Federal, onde trabalham os deputados distritais, é um órgão que congrega funções de Assembleia Legislativa e de Câmara Municipal.

O Poder Executivo municipal é representado pelo prefeito e pelo vice-prefeito, além de seus respectivos secretários. De acordo com a Constituição do Brasil, cada cidade brasileira é autônoma e responsável por sua própria organização. Os prefeitos devem executar e administrar os serviços públicos destinados aos cidadãos de sua cidade, nas áreas da saúde, educação, transporte, cultura e segurança.

São funções do Poder Executivo municipal (Lenzi, 2017a):

- gerir a organização e o funcionamento da cidade,
- criar e fazer a arrecadação dos impostos municipais,
- administrar, dentro da sua competência, as áreas de educação, saúde, segurança e transporte público,
- apresentar projetos de lei,
- sancionar e promulgar leis aprovadas,
- vetar projetos de lei,
- apresentar a prestação de contas do município para a Câmara de vereadores.

Exercício resolvido

1. O artigo n. 84 da Constituição Federal lista as competências privativas do presidente da República. Sobres essas competências, assinale verdadeiro (V) ou falso (F) para as afirmativas a seguir:
   ( ) O presidente tem competência privativa para dispor, mediante decreto, sobre a organização e o funcionamento da administração federal, podendo, inclusive, criar e extinguir órgãos públicos.
   ( ) O presidente tem competência para editar decretos e regulamentos visando à adequada execução das leis, podendo o Congresso Nacional determinar a suspensão desses atos normativos no caso de o Poder Executivo, no exercício dessa competência, abusar de seu poder.
   ( ) Pode dispor, mediante decreto, sobre a organização e o desempenho da administração pública federal, desde que não promova aumento de despesa nem crie ou extinga órgãos públicos.

   Agora, assinale a alternativa que apresenta a sequência correta:
   a) V; V; F.
   b) F; F; V.
   c) V; V; V.
   d) F; V; V.

Gabarito: d.
Feedback do exercício: No que se refere às atribuições do Poder Executivo federal, representado pelo presidente da República em exercício, ele pode criar e extinguir cargos públicos no âmbito

federal, e não órgãos públicos como mencionado na primeira assertiva. No que se refere à competência para editar decretos e regulamentos visando se adequar à execução das leis, caso haja abuso de poder por parte do presidente, nestes decretos e regulamentos, o Congresso Nacional tem a prerrogativa de vetar esses atos.

2.3.2 Poder Legislativo

O Poder Legislativo ganhou força no Brasil com a Constituição de 1988, que consagrou a implementação dessa ferramenta na esfera política. Esse poder é composto pela Câmara dos Deputados, pelo Senado Federal, e pelo Tribunal de Contas da União.

Entre as incumbências do Congresso Nacional estão elaborar as leis e atuar na fiscalização contábil, financeira, orçamentária, operacional e patrimonial da União e das entidades da administração direta e indireta (Brasil, 2022).

De acordo com o sistema bicameral, vigente no Brasil, as duas Casas devem se manifestar no ato da elaboração das normas jurídicas. Isto é, se uma matéria tem início na Câmara dos Deputados, o Senado faz sua revisão, e vice-versa, à exceção de matérias privativas de cada órgão.

Entre as competências da Câmara dos Deputados estão: a autoridade para abrir processo contra o presidente, o vice-presidente da República e os ministros de Estado; a prerrogativa para as tomadas de conta do presidente da

República, quando não apresentadas no prazo constitucional; a elaboração do regimento interno da Câmara; a disposição sobre organização, funcionamento, criação, transformação ou extinção dos cargos, empregos e funções de seus serviços e a iniciativa de lei para a fixação da respectiva remuneração, observados os parâmetros estabelecidos na Lei de Diretrizes Orçamentárias, e a eleição dos membros do Conselho da República (Brasil, 2016).

A Câmara dos Deputados é a Casa em que tem início o trâmite da maioria das proposições legislativas, além de ser o órgão de representação mais imediata do povo, centralizando muitos dos maiores debates e das decisões de importância nacional (Brasil, 2022).

2.3.2.1 Estrutura organizacional do Poder Legislativo

Segundo Ribeiro (2012), a estrutura organizacional de uma casa legislativa apresenta os seguintes elementos:

- **Presidência**: o presidente de uma casa legislativa "representa sua instituição, supervisiona os trabalhos e mantém a sua ordem" Ribeiro, 2012, p. 40). Ele preside a mesa diretora e as reuniões do plenário. Nas Câmaras Municipais, detém competências administrativas, como a determinação para a compra de equipamentos, contratação de serviços etc. É o segundo na ordem das sucessões do chefe do Poder Executivo, vindo depois do vice-presidente, do governador ou do prefeito.

- **Mesa**: as competências da mesa diretora podem ser divididas em duas espécies: executivas e legislativas, tendo como referência os regimentos internos. São competências executivas: autorizar a assinatura de convênios, de contratos de prestação de serviços e licitações; homologar seus resultados e aprovar o calendário de compras; prover os cargos, empregos e funções dos serviços administrativos; conceder licença, aposentadoria e vantagens devidas a servidores; decidir matérias referentes ao ordenamento jurídico de pessoal e aos serviços administrativos da Casa.
- **Colégio de líderes**: quando o número de eleitos nas bancadas é muito grande, como nas Assembleias Legislativas e no Congresso Nacional, os líderes partidários ganham destaque. Seu papel é fundamental para a mediação dos debates e das negociações e a sustentação de uma disciplina partidária, em detrimento da autonomia do parlamentar. O regimento interno da Câmara dos Deputados assegura um conjunto de prerrogativas aos líderes, como apresentar proposições de iniciativa coletiva, inscrever oradores, indicar membros para as comissões e assinar requerimentos.
- **Comissões**: não há possibilidade de que todos os parlamentares estudem todas as proposições de forma aprofundada ou entrem em interação com os atores sociais envolvidos com cada tema. Dessa forma, as Casas Legislativas se organizam em comissões temáticas, para que estudem cada proposição, recolham o maior número de informações, reconheçam as alternativas possíveis e instruam o plenário para que este delibere.

- **Bancadas e blocos parlamentares**: são formados quando parlamentares de partidos diferentes passam a defender posições comuns nas respectivas Casas Legislativas. Com isso, eles conseguem ampliar sua capacidade de aprovar projetos e tomar decisões.
- **Plenário**: esse termo pode significar tanto o espaço físico onde ocorrem as reuniões quanto o ato das reuniões deliberativas em si. É o principal órgão do Poder Legislativo, local onde se delibera sobre todas as proposições que exigem quórum especial, ou seja, um número mínimo de representantes eleitos presentes na sessão. Na Câmara dos Deputados, esse número é de 257 deputados (de um total de 513), além daquelas sobre as quais as comissões não têm competência para deliberar de forma conclusiva. É o local em que se travam os principais debates.
- **Gabinetes**: o termo *gabinete* pode se referir ao local físico no qual o deputado ou o vereador se instala com sua equipe ou o órgão de apoio ao parlamentar. Os assessores parlamentares têm o encargo de conceder assessoramento técnico aos representantes eleitos. Com relação ao Congresso Nacional, esse cargo é concedido a especialistas concursados. Eles coletam informações e conhecimento do que está acontecendo no Poder Executivo para vincular os legisladores e embasar decisões e posicionamentos. Cada parlamentar recebe um auxílio mensal para arcar com as despesas de seu gabinete.

2.3.2.2 Níveis federal, estadual e municipal do Poder Legislativo

Segundo Coelho (2020), o Poder Legislativo guarda especificidades nos níveis federal, estadual e municipal.

No **nível federal**, a instituição com legitimidade para o exercício do Poder Legislativo é o **Congresso Nacional**. Trata-se de um órgão formado por duas Casas Legislativas: a Câmara dos Deputados e o Senado Federal, os quais têm a responsabilidade conjunta de elaborar a legislação federal.

A **Câmara dos Deputados** é considerada a câmara baixa (ou câmara inferior) do sistema parlamentar brasileiro e agrega os deputados federais. Atualmente, congrega 513 membros eleitos para um mandato de quatro anos por eleições proporcionais, nas quais o voto do eleitor prioritariamente vai para o partido do candidato.

O **Senado Federal** é a câmara alta (ou câmara superior) do sistema parlamentar brasileiro. É composto de 81 senadores a cada legislatura, os quais são eleitos para um mandato de oito anos em eleições majoritárias, nas quais são eleitos aqueles que têm mais votos (o voto do eleitor vai para o candidato, e não para o partido).

No **nível estadual**, o exercício do Poder Legislativo é de competência das **Assembleias Legislativas** (no caso do Distrito Federal, Câmara Legislativa do Distrito Federal). Esses órgãos são compostos pelos deputados estaduais ou distritais, eleitos periodicamente para um mandato de quatro anos por eleições proporcionais. São objetos de legislação de competência dos estados federados: emendas à Constituição Estadual; leis ordinárias, complementares e delegadas; decretos legislativos; e, assim como no âmbito federal, outras ações normativas internas, direcionados ao próprio funcionamento da Casa Legislativa.

A legislação mais importante no nível estadual é a Constituição Estadual, documento que estabelece as competências de definição de normas gerais e busca preencher as lacunas deixadas pela Constituição Federal. Para entrarem em vigência, os atos normativos da esfera estadual devem ser publicados nos Diários Oficiais dos Estados, após terem sido promulgados.

No **nível municipal**, a instituição que exerce funções legislativas são as **Câmaras Municipais**. Os vereadores são os representantes escolhidos a cada quatro anos por meio de eleições, sendo responsáveis pela atuação legislativa e a fiscalização no município.

Entre as atribuições institucionais do Poder Legislativo municipal estão:

- acompanhar e conhecer a conjuntura política, econômica e social do país;
- conhecer a realidade e a situação do município;
- atuar com base no respeito mútuo, independentemente da filiação partidária;
- exercer suas funções com zelo e probidade, representando fielmente o povo;
- fazer leis justas e necessárias e exigir o cumprimento das leis em geral, dos orçamentos e do plano diretor;

- guardar e promover os interesses público e social;
- ser independente do Executivo, mas atuando em harmonia com ele;
- julgar as contas do prefeito com rigor, seriedade e imparcialidade;
- fiscalizar o Poder Executivo e seus órgãos com o rigor da lei;
- apurar eventual irregularidade por meio de comissões parlamentares, quando necessário;
- discutir, por meio de comissões permanentes, as proposições para emissão de parecer;
- emitir pareceres e fiscalizar a administração em suas áreas de atribuição, por meio de comissões permanentes.

Espera-se que o Legislativo exerça os seus poderes constitucionais e legais, fazendo jus a seu papel de representante do povo e contribuindo para a construção de um município mais humano e mais justo para os cidadãos (Jost, 2021).

2.3.3 Poder Judiciário

Ao longo de sua história, a política brasileira passou por diferentes formas de governo: parlamentarismo, presidencialismo, regime militar, ditadura e democracia. Sendo o Poder Judiciário brasileiro, em sua essência, um poder tradicional e formal, várias características do passado ainda prevalecem nele, apesar das constantes transformações sociais (Donato, 2006).

2.3.3.1 Aspectos históricos da Constituição do Brasil

A primeira Constituição brasileira foi outorgada por D. Pedro I no dia 25 de março de 1824 e previa a existência de quatro Poderes: o Executivo, o Legislativo, o Moderador e o Judicial. Uma das preocupações naquele momento era evitar que ocorresse no Brasil fracionamentos em razão de particularismos locais, como sucedera na América espanhola (Fausto, 1995).

Segundo Donato (2006), a Constituição de 1824 apresentava caráter centralizador; toda a autoridade estava rigorosamente concentrada na capital do Império. Foi a Constituição que vigorou por mais tempo dentre as sete que o Brasil teve (65 anos), tendo apenas uma emenda. A Constituição de 1824 passou a ter aplicabilidade com a instalação do Poder Legislativo (1826) e do Supremo Tribunal de Justiça (1828), estabelecendo-se os quatro poderes previstos. As autoridades judiciais que compunham o Poder Judiciário (na época intitulado Poder Judicial) se submetiam ao rigor do centralismo e ao poder do imperador, tipificado no Poder Moderador.

Em 24 de fevereiro de 1891 foi promulgada a primeira Constituição republicana brasileira, sob o regime representativo e presidencial, instituindo a forma federativa de Estado. Teve duração de 40 anos, e só depois de 35 anos de vigência foram alterados alguns de seus artigos, por meio de emenda constitucional. Houve a concentração de poderes no Executivo, e o Legislativo ficou encarregado apenas de aprovar a legislação financeira. Na Constituição de 1891, o Poder Judiciário não era mais chamado de Poder Judicial e tornou-se independente. Foram instituídos a Justiça Federal, a Justiça Estadual e o Supremo Tribunal Federal (Donato, 2006).

A terceira Constituição, de 1934, foi resultado de uma assembleia constituinte e estimulada pelas revoluções de 1930 e de 1932, que foram inspiradas em ideais liberais (Poletti, 2012).

Com esse documento, pretendia-se extinguir o sistema dualista, ou seja, a existência da Justiça Federal e da Justiça Estadual, estabelecendo-se que o Poder Judiciário seria exercido por tribunais e juízes distribuídos pelo país. A estrutura do Poder Judiciário foi expandida, à medida que foram criadas as justiças Eleitoral e Militar e o Tribunal Especial (Donato, 2006).

Ainda segundo Donato (2006), a quarta Constituição e a segunda a ser outorgada, em 1937, teve duração de 8 anos e recebeu 21 emendas. Getúlio Vargas, presidente na época, por meio de Leis Constitucionais, modificou a Constituição 11 vezes com a finalidade de reter o poder constituinte originário, como se verifica pela Lei Constitucional n. 9, que aventava a tese de que o poder constituinte residia no chefe de governo.

Essa Constituição inicialmente não mencionava a Justiça Eleitoral, porém, em maio de 1945, expediu-se um decreto que estabelecia os órgãos dos serviços eleitorais. Entre os órgãos do Poder Judiciário, não havia um que detivesse competência para julgar os crimes cometidos pelo presidente da República; entretanto, em seu artigo n. 85, a Constituição definiu os crimes de responsabilidade do presidente, e no artigo n. 86, o processo de julgamento pelo Conselho Federal, quando declarada procedente a acusação pela Câmara dos Deputados (Donato, 2006).

De acordo com Moraes Filho (1998), a Constituição de 1946 tinha características semelhantes à Constituição de 1891, apresentando, porém, inovações em relação à Constituição de 1934.

Segundo Donato (2006), a Constituição de 1946 se ateve às disposições de proteção aos trabalhadores, à ordem econômica, à educação e à família. Foi atenta em melhorar as condições dos municípios, principalmente do interior; tais medidas surtiram resultados positivos para a melhoria de vida do homem das regiões abandonadas e entregues às endemias, ao analfabetismo, à lavoura de subsistência e a outras misérias.

Quanto ao Poder Judiciário, destaca-se o setor eleitoral, ficando definida com maior exatidão e amplitude a competência da Justiça Eleitoral. A aprovação dos membros do Supremo Tribunal Federal passou a ser feita pelo Senado, e não mais pelo Conselho Federal, como designava a Constituição de 1937. Os crimes comuns cometidos pelo presidente da República seriam processados e julgados originariamente pelo Supremo Tribunal Federal.

A Constituição de 1967 enfatizava o Poder Executivo, fortalecendo sua competência de legislar e limitando o tempo para aprovação, por parte do Congresso, dos projetos do governo (Donato, 2006).

Embora a religião oficial fosse a católica, essa Constituição é considerada calvinista, pois procurava privilegiar o âmbito econômico e o enriquecimento, com atenção voltada à indústria, ao comércio e ao desenvolvimento econômico, relegando a segundo plano as questões sociais e humanas (Cavalcanti; Brito; Baleeiro, 2012).

A Emenda Constitucional n. 1, de 17 de outubro de 1969, alterou vários artigos da Constituição de 1967. Na ocasião, foi cogitada a possibilidade de uma nova Constituição, porque se via a necessidade de um sistema de governo mais participativo, em que os três poderes da União fossem independentes, mas se fiscalizassem mutuamente em prol dos interesses do Estado (Donato, 2006).

A Constituição Federal de 1988 foi erigida sob um ideal democrático. Esse documento, que vigora atualmente, procurou estimular o exercício da cidadania, instituindo a iniciativa popular, direito que garante à sociedade a possibilidade de apresentar à Câmara dos Deputados projetos de lei (desde que subscritos por, no mínimo, um por cento do eleitorado nacional distribuído em pelo menos cinco estados, com não menos de três décimos por cento dos eleitores de cada um deles). A Constituição Federal de 1988 proporcionou significativas conquistas sociais e intensificou as formas coletivas de tutela e de proteção aos interesses meta-individuais, como as ações de mandado de segurança coletivo, ação civil pública e ação popular. O Poder Judiciário assumiu um papel de poder político, ou seja, de agente transformador da sociedade, influenciando nas decisões do governo e no destino da nação.

A estrutura do Poder Judiciário foi alterada pela Constituição, que criou cinco Tribunais Regionais Federais, órgãos de segunda instância da justiça federal, bem como o Superior Tribunal de

Justiça, encarregado de várias competências originárias ou recursais antes atribuídas ao Tribunal Federal de Recursos ou ao Supremo.

A Constituição Federal de 1988 inovou na maneira de conceber estruturalmente e funcionalmente o Estado e o direito, o que gerou necessidade de mudanças no Poder Judiciário. Instituiu-se, assim, o Estado democrático de direito, sintetizando os princípios do Estado democrático e do Estado de direito e superando-os (Silva, 2003).

Para saber mais

A Constituição Federal de 1988 foi promulgada em 5 de outubro de 1988 e afirma que a República Federativa do Brasil constitui um Estado Democrático de Direito que tem como fundamentos a soberania, a dignidade da pessoa humana, os valores sociais do trabalho e o pluralismo político. O texto abrange temas de grande relevância, como direitos sociais, políticos e econômicos, sendo de suma importância conhecê-lo e compreendê-lo. Para isso, sugerimos sua leitura:

BRASIL. Constituição (1988). **Diário Oficial da União**, Brasília, DF, 5 out. 1988. Disponível em: <https://www2.senado.leg.br/bdsf/bitstream/handle/id/518231/CF88_Livro_EC91_2016.pdf>. Acesso em: 10 mar. 2022.

Logo, a Constituição Federal fundamenta todo o ordenamento jurídico e, consequentemente, todo o Poder Judiciário brasileiro, determinando seus princípios e suas atribuições, como abordaremos a seguir.

2.3.3.2 Organização do sistema judiciário brasileiro

O Quadro 2.1 mostra como o sistema judiciário brasileiro está organizado atualmente.

Quadro 2.1 – Organização do sistema judiciário brasileiro

	STF
STJ		TST	TSE	STM
TJs	TRFs	TRT	TRE	TM
Juízes de Direito	Juízes Federais	Juízes do Trabalho	Juízes Eleitorais	Auditorias Militares

Fonte: Gandra, citado por Ferreira; Gonçalves, 2021.

O **Supremo Tribunal Federal (STF)** é o órgão máximo do Poder Judiciário e sua função é proteger a Constituição da República Federativa do Brasil, que é a norma mais importante do país.

Assim, esse órgão analisa os recursos que tratam de alguma ofensa à Constituição e analisa alguns assuntos cuja natureza destina competência exclusiva ao STF. Este é composto de 11 membros, designados *ministros*, que devem ser cidadãos entre 35 e 65 anos de idade, de notável saber jurídico e reputação ilibada.

O **Superior Tribunal de Justiça (STJ)** é o órgão do Poder Judiciário que assegura efetivamente a uniformidade à interpretação da legislação federal. Os **Tribunais de Justiça (TJs)** e os juízes de direito têm suas competências

definidas pelo artigo n. 125 da Constituição e se refere
à elaboração de norma regulamentadora no texto da
Constituição do respectivo estado.

Os **Tribunais Regionais Federais (TRFs)** se concentram
no julgamento de recursos contra decisões de competência
federal, uma vez que representam o segundo grau de jurisdição
da Justiça Federal. São os juízes desses tribunais que trabalham
com a análise e o julgamento de ações trabalhistas envolvendo
a União Federal, suas autarquias, as fundações e as empresas
públicas federais.

O **Tribunal Superior do Trabalho (TST)**, os **Tribunais
Regionais do Trabalho (TRTs)** e os juízes do trabalho encontram
suas competências estabelecidas pelo artigo n. 114 da
Constituição Federal.

O **Tribunal Superior Eleitoral (TSE)**, órgão máximo da
Justiça Eleitoral, exerce papel fundamental na construção e no
exercício da democracia brasileira. Suas principais competências
estão fixadas pela Constituição Federal e no Código Eleitoral
(Lei n. 4.737, de 15 de julho de 1965). O TSE tem ação conjunta
com os **Tribunais Regionais Eleitorais (TREs)**, que são os
responsáveis diretos pela administração do processo eleitoral
nos estados e nos municípios.

O **Superior Tribunal Militar (STM)**, os **Tribunais
Militares (TMs)** e os juízes militares são responsáveis pelo
estabelecimento de competência da lei. Segundo Ferreira
e Gonçalves (2021), os ministros militares são escolhidos da
seguinte forma: entre os oficiais-generais são três da Marinha,
três da Aeronáutica e quatro do Exército; o presidente da

República nomeia cinco civis, sendo três advogados de notório saber jurídico e conduta ilibada, com mais de dez anos de atividade profissional e dois juízes auditores, membros do Ministério Público da Justiça Militar, por escolha paritária.

2.4 Políticas públicas

Todos os cidadãos da nação são afetados pelas políticas públicas, e com o fortalecimento da democracia, as responsabilidades dos representantes eleitos também aumentaram (Andrade, 2016).

O que é?

O que são políticas públicas?

São ações, metas e planos que os governos (nacionais, estaduais ou municipais) estabelecem para alcançar o bem-estar da sociedade e o interesse público (Sebrae, 2008). Tratamos sobre esse assunto no Capítulo 1; se necessário, retome o texto indicado.

As políticas públicas devem promover o bem-estar da sociedade, nas áreas de saúde, educação, assistência social, lazer, transporte e segurança, possibilitando qualidade de vida à população (Andrade, 2016).

Em outras palavras, o processo de formulação de políticas públicas é aquele por meio do qual os governos traduzem seus propósitos em programas e ações, produzindo os resultados e as mudanças desejadas no mundo real.

2.4.1 Tipos de políticas públicas

As políticas públicas podem ser divididas em quatro tipos, de acordo com os objetivos e a área de influência de suas medidas, conforme aponta a Figura 2.2. Essa classificação foi desenvolvida por Theodor Lowi, sendo uma das mais utilizadas.

Figura 2.2 – Tipos de políticas públicas

```
     Destinadas a um            Promover o bem-estar
     grupo específico                  social
            ↑                            ↑
    ┌───────────────┐            ┌───────────────┐
    │ Distributivas │            │  Retributivas │
    └───────────────┘            └───────────────┘
            ┆                            ┆
            └─────── Políticas públicas ─────────┘
            ┆                            ┆
    ┌───────────────┐            ┌───────────────┐
    │  Regulatórias │            │ Constitutivas │
    └───────────────┘            └───────────────┘
            ↓                            ↓
          Regras                   Funcionamento
       e organização                das políticas
        da sociedade                   públicas
```

Fonte: Lenzi, 2022.

As **políticas distributivas** são aquelas que destinam benefícios a grupos ou a regiões específicas, que sofrem por conta da limitação de recursos. Geralmente, há pouca oposição, por parte da sociedade, perante elas, porém não são disponibilizadas universalmente para todos. Alguns exemplos são os incentivos fiscais concedidos a pequenos empreendedores, no escopo da geração de emprego e de renda, e as políticas de transferência de renda (Secchi, 2010).

As **políticas redistributivas** atingem grande parte dos indivíduos e propõem uma realocação de recursos de um grupo para outro. Nesses casos, as chances de discordância são bem maiores porque parte da população se sente penalizada. Exemplo: programas voltados à distribuição de renda e à isenção ou diminuição do Imposto Predial e Territorial Urbano (IPTU) para camadas sociais mais pobres da cidade, e o consequente aumento desse imposto para os setores com renda mais elevada, que vivem em mansões ou apartamentos de luxo.

As **políticas regulatórias** voltam-se para a normatização das políticas distributivas e redistributivas, ou seja, estão relacionadas com a legislação. As normas que regulamentam o uso e a venda de produtos e a obrigatoriedade de uso de cadeira especial para transporte de crianças é um exemplo desse tipo de política.

Políticas constitutivas são aquelas que regulamentam os procedimentos e as regras relativas ao desenvolvimento das outras políticas e se encontram em um nível superior ao das demais, sobressaindo-se as de distribuição de competências e a de separação de poderes. Exemplos: as regras de funcionamento das eleições e a forma de distribuição de verbas a serem utilizadas para a implementação das políticas públicas criadas.

A organização, a criação e a execução das políticas públicas são feitas em conjunto pelo trabalho dos três Poderes.

O Legislativo ou o Executivo podem sugerir políticas públicas. Em específico, o Legislativo cria as leis referentes a essas políticas, e ao Executivo cumpre o planejamento de ação e a execução da medida. Já ao Judiciário reserva-se o controle da lei criada e a análise de sua pertinência para cumprir o objetivo. As políticas públicas existem e são executadas em todas as esferas (federal, estadual e municipal) de governo do país (Lenzi, 2018).

2.4.2 Ciclo das políticas públicas

O conjunto de fases pelas quais uma política pública passa desde seu desenvolvimento até a consequente apuração de resultados é chamado *ciclo de políticas públicas*. Segundo Lenzi (2017b), as etapas são as seguintes:

1. **identificação do problema**: fase de reconhecimento de situações ou problemas que precisam de uma solução ou melhora,
2. **formação da agenda**: definição pelo governo de quais questões têm mais importância social ou urgência para serem tratadas,
3. **formulação de alternativas**: fase de estudo, avaliação e escolha das medidas que podem ser úteis ou mais eficazes para ajudar na solução dos problemas,
4. **tomada de decisão**: etapa em que são definidas quais as ações serão executadas. São levadas em conta análises técnicas e políticas sobre as consequências e a viabilidade das medidas,
5. **implementação**: momento de ação, é quando as políticas públicas são colocadas em prática pelos governos,

6. **avaliação**: depois que a medida é colocada em prática é preciso que se avalie a eficiência dos resultados alcançados e quais ajustes e melhoria podem ser necessários,
7. **extinção**: é possível que depois de uma período a política pública deixe de existir. Isso pode acontecer se o problema que deu origem a ela deixou de existir, se as ações não foram eficazes para a solução ou se o problema perdeu importância diante de outras necessidades mais relevantes, ainda que não tenha sido resolvido.

No Brasil, as políticas são elaboradas pela análise das necessidades e pela participação dos cidadãos. Grande parte dos governos oferece a possibilidade de as pessoas indicarem as necessidades que consideram mais urgentes na região em que vivem, o que pode ser feito de várias maneiras. O governo federal, por exemplo, lança pesquisas de opinião para saber quais são os desejos da população. A Lei Complementar n. 101, de 4 de maio de 2000 (Brasil, 2000), determinou que, para garantir transparência na gestão, os governos devem incentivar os cidadãos a participar das audiências públicas em que se discutem as medidas. Os estados e os municípios também fazem esse tipo de consulta (Lenzi, 2022).

As demandas da sociedade são apresentadas aos dirigentes públicos por meio de grupos organizados, no que se denomina *sociedade civil organizada* (SCO), a qual inclui, conforme apontamos, sindicatos, entidades de representação empresarial, associações de moradores, associações patronais e organizações não governamentais (ONGs). No entanto, os recursos para atender a todas as demandas da sociedade e seus diversos grupos são limitados ou escassos. Como consequência, os bens e serviços públicos desejados pelos diversos indivíduos se transformam em motivo de disputa. Assim, para aumentar as possibilidades de êxito na competição, indivíduos que têm os mesmos objetivos tendem a se unir, formando grupos (Sebrae, 2008).

Quando o governo busca atender às principais demandas levantadas, diz-se que ele está voltado para o interesse público (ou seja, para o interesse da sociedade). Ao atuar na direção do interesse público, o governo busca maximizar o bem-estar social. Em outras palavras, as políticas públicas são o resultado da competição entre os diversos grupos ou segmentos da sociedade que buscam defender seus interesses. Tais interesses podem ser específicos, como a construção de uma estrada ou um sistema de captação das águas da chuva em determinada região, ou gerais, como demandas por segurança pública e melhores condições de saúde (Sebrae, 2008).

Sebrae (2008) cita como exemplo o Programa do Artesanato Brasileiro (PAB), gerenciado pelo Ministério do Desenvolvimento, Indústria e Comércio Exterior (MDIC), que tem como missão

> estabelecer ações conjuntas no sentido de enfrentar os desafios e potencializar as muitas oportunidades existentes para o desenvolvimento do Setor Artesanal, gerando oportunidades de trabalho e renda, bem como estimular o aproveitamento das vocações regionais, levando à preservação das culturas locais e à formação de uma mentalidade empreendedora, por meio da preparação das organizações e de seus artesãos para o mercado competitivo. (Sebrae, 2008, p. 7)

Tal programa é gerido pelo governo federal, mas busca a descentralização, pois pretende desenvolver as potencialidades dos estados e municípios.

2.4.3 Políticas de governo e de Estado

Uma política pública pode tanto ser parte de uma política de Estado quanto uma política de governo.

Perguntas & respostas

Mas o que são políticas de Estado e de governo?

De forma simplificada, política de Estado é aquela que deve ser realizada independentemente do governo e do governante, pois é amparada pela Constituição. Já uma política de governo pode depender da alternância de poder. Cada governo tem seus projetos, que, por sua vez, tendem a se transformar em políticas públicas (Andrade, 2016).

Quanto às políticas públicas, de estado e de governo, Bucci (2006, citada por Paniago, 2019) afirma que

> políticas públicas seriam o conjunto de medidas exigidas do Estado sob aquelas condições fáticas vivenciadas sob aquele arranjo institucional, com projeções de correção e um prazo para o futuro, nesta senda aquelas com expectativas de longo prazo seriam as de natureza estatal, enquanto as mais eminentes seriam de cunho governamental. Por uma perspectiva mais frágil, aponta que o assento normativo pode ser compreendido como um diferenciador, de modo que possuindo como fundamento normas constitucionais, seriam evidentemente políticas de Estado, reduzindo o grau de certeza até passar pelas normas legais, ao passo que aquelas infralegais trariam meramente políticas de governo.

De acordo com Andrade (2016), a política externa do país geralmente é considerada uma política de Estado, ou seja, deve se pautar em ideais e transcender governos, sendo levada adiante por governantes de diferentes orientações políticas.

Exercício resolvido

1. Políticas públicas são ações executadas pelo Estado com o objetivo de atender às necessidades dos diversos setores da sociedade. Sobre os tipos e o ciclo dessas políticas, analise as afirmativas a seguir.

   I. A avaliação é a última fase do ciclo de políticas públicas porque trata da reflexão sobre seus limites, seu esgotamento e sua substituição por novas políticas.

   II. Políticas públicas distributivas são menos conflituosas do que políticas redistributivas, uma vez que os recursos destinados às distributivas são alocados pelo Estado, não ficando explícito quem paga ou quem perde com as decisões tomadas pelo poder público.

   III. No processo de formulação de políticas públicas, a fase na qual os objetivos previamente definidos são convertidos em ações empreendidas para atingi-los é denominada *implementação*.

   Agora, assinale a alternativa que lista todas as afirmações verdadeiras:

   a) I e II.
   b) I e III.
   c) II e III.
   d) I, II e III.

Gabarito: c
Feedback **do exercício**: O ciclo por que passa uma política pública desde seu desenvolvimento até a geração de resultados se inicia com a fase de identificação do problema e finaliza com a fase de extinção, e não com a fase de avaliação, como propõe a afirmativa I. Com respeito aos tipos de políticas públicas, a assertiva II é correta, visto que a principal função das políticas redistributivas é redistribuir bens, serviços ou recursos para uma parcela da população, retirando o dinheiro do orçamento de todos, logo são impostas perdas concretas e em curto prazo, pois essas políticas levarão a ganhos incertos para outro feixe social. A assertiva III descreve corretamente a fase de implementação, que está associada com o momento de ação, em que as políticas públicas são colocadas em prática pelos governos.

2.5 MEC, CFQ e CRQ

Ao Ministério da Educação (MEC) incumbe a tramitação dos processos de ato regulatório das instituições de educação superior do Brasil. Para que funcione regularmente, os cursos e as instituições precisam estar devidamente autorizados e com os protocolos exigidos legalmente atualizados.

O Conselho Federal de Química (CFQ) foi instituído por meio da Lei n. 2.800, de 18 de junho de 1956 e tem a função de "zelar pelo exercício da Química no Brasil, estabelecendo padrões de atuação para empresas e profissionais, fortalecendo e difundindo as boas práticas, além de regular a atuação laboral nos campos científicos correlatos à Química" (CFQ, 2021).

Os Conselhos Regionais de Química (CRQs) são entidades estaduais subordinadas ao CFQ e capacitados a assegurar regionalmente a prática adequada das profissões relacionadas à ciência e à tecnologia.

Síntese

O significado de *política* está, em geral, relacionado com aquilo que diz respeito ao espaço público e ao bem dos cidadãos. Sistema político é uma forma de governo que engloba instituições políticas para governar uma nação. O Brasil, por exemplo, é uma república presidencialista constituída de três poderes: o Executivo, o Legislativo e o Judiciário, que desempenham importantes funções referentes à execução de resoluções públicas, à elaboração de leis, à interpretação das leis e ao julgamento dos cidadãos.

A Constituição atual do Brasil é de 1988; antes dessa, o país teve outras seis Constituições, promulgadas em 1824, 1891, 1934, 1937, 1946 e 1967.

O estabelecimento do Poder Judiciário acompanhou a história política constitucional brasileira, passando por períodos em que se apresentava de forma inexpressiva, como no momento histórico em que vigorou a primeira Constituição, de 1824.

As políticas públicas são um conjunto de projetos, programas e atividades realizadas pelo governo, podendo tanto ser parte de uma política de Estado quanto uma política de governo.

Capítulo 3

Aspectos da química e a visão CTSA

Conteúdos do capítulo:

- Movimento CTS.
- Elementos da visão CTSA.
- Ensino da química com base em uma abordagem CTSA.
- Abordagem CTSA na formação docente.

Após o estudo deste capítulo, você será capaz de:

1. descrever o movimento CTS;
2. estruturar uma abordagem CTSA;
3. indicar a importância de cada elemento da abordagem CTSA;
4. detalhar a visão CTSA no ensino de química e sua importância na formação dos docentes.

A visão CTS (ciência, tecnologia e sociedade) ou CTSA (ciência, tecnologia, sociedade e ambiente) se refere à educação científica e ambiental que visa promover um pensamento crítico e consciente sobre os fenômenos correntes de caráter social e ambiental.

Essa abordagem de ensino de química propõe a renovação do ensino, tornando-o significativo e socialmente relevante. A ideia é abandonar o modelo que se sustenta na crença de neutralidade da ciência, para adotar uma visão interdisciplinar, incentivando a pesquisa científica e valorizando suas consequências sociais.

Nesse novo modelo, são levados em consideração aspectos históricos, dimensões ambientais, posturas éticas e políticas votladas à ciência e à tecnologia. Como consequência positiva de suas práticas, vislumbra-se um cenário em que a população se apropria de conhecimentos científicos e tecnológicos necessários para seu desenvolvimento no cotidiano, ajudando a resolver os problemas e a atender às necessidades sociais (Chassot, 2007).

3.1 Movimento CTS

Para participar de forma ativa na sociedade, além de ter conhecimentos amplos incluindo os da química, o cidadão tem de conhecer a sociedade em que está inserido. Assim, o ensino do componente curricular de Química, para cumprir o objetivo de auxiliar na formação do cidadão, deve articular a informação química e o contexto social. Nesse sentido, deve-se adotar métodos de ensino que desenvolvam uma educação inovadora, cujo papel principal esteja no reconhecimento da importância e valorização da participação e envolvimento ativo dos estudantes na construção de seu conhecimento (Schnetzler, 1996, citado por Borges et al, 2010).

Consonante a esse enfoque, desenvolveu-se o movimento CTS (ciência, tecnologia e sociedade). Os dois principais que estimularam esse movimento nas décadas de 1960 e 1970 foram: a impressão negativa das consequências da industrialização; os questionamentos sobre o papel social; e as consequências da atividade científica e dos produtos tecnológicos. Também foram discutidas questões éticas referentes ao desenvolvimento cientifico e à ausência de participação popular nas decisões públicas (Conrado; El-Hani, 2010).

A partir da década de 1970, esse movimento propôs novos currículos no ensino de ciências, os quais deveriam incorporar conteúdos de ciência, tecnologia e sociedade (CTS).

De forma bem simplificada, Mckavanagh e Maher (1982, citados por Santos; Mortimer, 2002) exemplificam as interações entre esses três elementos, conforme mostra o Quadro 3.1.

Quadro 3.1 – Aspectos da abordagem de CTS

Aspectos de CTS	Esclarecimentos
1. Efeito da Ciência sobre a Tecnologia	A produção de novos conhecimentos tem estimulado mudanças tecnológicas.
2. Efeito da Tecnologia sobre a Sociedade	A tecnologia disponível a um grupo humano influencia sobremaneira o estilo de vida desse grupo.

(continua)

(Quadro 3.1 – conclusão)

Aspectos de CTS	Esclarecimentos
3. Efeito da Sociedade sobre a Ciência	Por meio de investimentos e outras pressões, a sociedade influencia a direção da pesquisa científica.
4. Efeito da Ciência sobre a Sociedade	O desenvolvimento de teorias científicas pode influenciar a maneira como as pessoas pensam sobre si próprias e sobre problemas e soluções.
5. Efeito da Sociedade sobre a Tecnologia	Pressões públicas e privadas podem influenciar a direção em que os problemas são resolvidos e, em consequência, promover mudanças tecnológicas.
6. Efeito da Tecnologia sobre a Ciência	A disponibilidade dos recursos tecnológicos limitará ou ampliará os progressos científicos.

Fonte: McKavanagh; Maher, 1982. p. 72, citados por Santos; Mortimer, 2002, p. 121, tradução do original citado.

De acordo com Santos (2001), embora cada um desses elementos tenha suas especificidades, podemos analisá-los adotando a subdivisão dos seguintes sistemas:

- sistema tecnocientífico;
- sistema sociocientífico;
- sistema sociotecnológico.

Cada sistema apresenta um conjunto de interações mútuas entre os elementos citados.

Segundo Cerezo (1998), o movimento CTS apresenta desde sua origem três grandes direções:

1. **Campo de investigação**: proporciona uma reflexão contextualizada para a construção do conhecimento científico, considerado um processo social;
2. **Campo político**: defende o controle social da ciência e da tecnologia e a criação de mecanismos para que esse controle seja exercido de forma democrática;
3. **Campo educacional**: favorece o surgimento de diversas propostas e diferentes materiais didáticos que visam à classificação da ciência e da tecnologia como processos sociais.

Essa proposta fomenta uma reflexão a respeito das consequências para o meio ambiente. Segundo Auler e Bazzo (2001, p. 1), "a degradação ambiental, bem como a vinculação do desenvolvimento científico e tecnológico à guerra, fizeram com que a ciência e a tecnologia se tornassem alvo de um olhar mais crítico".

Logo ocorreu uma mudança na denominação dessa abordagem para *ciência, tecnologia, sociedade e ambiente* (CTSA), ao serem incluídas obrigatoriamente na cadeia das inter-relações CTS as consequências ambientais, que estão relacionadas na figura a seguir.

Figura 3.1 – Relações estabelecidas pela CTSA

Fonte: Nunes, 2010, p. 24.

A combinação entre ciência, tecnologia, sociedade e preservação ambiental é capaz de gerar na produção cientifica e tecnológica uma redução do consumo de recursos naturais e dos impactos ambientais. Segundo Praia, Gil-Pérez e Vilches (2007, p. 151):

> as relações CTSA marcam o desenvolvimento científico, com destaque para as repercussões de todo tipo de conhecimentos científicos e tecnológicos (desde a contribuição da ciência e da técnica para o desenvolvimento da humanidade até aos graves problemas que hipotecam o seu futuro), permitindo a preparação para a cidadania na tomada de decisões.

Segundo Alvaro (2017), a visão CTSA tem estimulado a revisão de visões deturpadas a respeito da ciência, entre as quais, Bazzo et al. (2003, citados por Alvaro, 2017, p. 13, grifo nosso) apontam

> a **visão aproblemática e aistórica** [sic] na qual o conhecimento é transmitido sem ilustrar quais foram os problemas que geraram a sua construção, evolução, as dificuldades, etc.

reforçando a concepção linear da ciência, sem considerar a influência de fatores externos no seu desenvolvimento. Há também a **visão individualista**, em que os conhecimentos científicos são apresentados como obras de gênios isolados, sem reconhecer o trabalho coletivo e a cooperação entre equipes. Já na **visão descontextualizada ou socialmente neutra**, não são mencionadas as complexas relações CTSA e atrelando a imagens dos cientistas a seres "acima do bem e do mal", enclausurados em torres de marfim e distantes das tomadas de decisões. Esta visão pode ser relacionada ao determinismo científico, a crença de que o conhecimento científico é superior, logo a supervalorização dos cientistas.

Podemos citar como objetivos da abordagem CTSA:

- promover uma educação científica interdisciplinar, contemplando aspectos econômicos, éticos, sociais e políticos;
- inserir os estudantes e pesquisadores no exame de questões relacionadas ao mundo real do ponto de vista científico-crítico;
- contribuir para a formação do pensamento crítico entre ciência, tecnologia e sociedade;
- desenvolver a capacidade de prever as diversas consequências de decisões tecnocientíficas e adotar comportamento responsável para solucionar problemas/ questões do mundo atual e da vida diária, relacionados, por exemplo, ao aquecimento global, à engenharia genética, aos testes com animais/humanos, ao desmatamento, aos testes nucleares, à legislação ambiental, ao Protocolo de Kyoto, ao incentivo à reciclagem etc.

De acordo com Santos (2007), o CTSA se propõe a garantir o compromisso dos educadores com as questões sociais. Assim, é preciso considerar, na elaboração das propostas curriculares com essa abordagem, a conjuntura atual de uma sociedade tecnológica, caracterizada pelo domínio dos sistemas tecnológicos que determinam os valores culturais e apresentam riscos para a vida humana.

Exercício resolvido

1. Na atualidade, os avanços científicos, técnicos e sociológicos estão cada vez mais interligados. Nesse contexto, sobre o surgimento do movimento ciência, tecnologia e sociedade (CTS) e seu enfoque, analise as afirmativas a seguir e marque a **incorreta**.
    a) O movimento CTS busca uma melhor compreensão dos papéis exercidos pela ciência e pela tecnologia no contexto social.
    b) O movimento CTS levantou a necessidade de a sociedade participar das tomadas de decisão relativas ao desenvolvimento científico e tecnológico visando maximizar as implicações sociais.
    c) O movimento CTS tem o propósito de avaliar os impactos que a tecnologia pode causar à sociedade e ao meio ambiente, tendo sua sigla modificada para CTSA, incluindo a relação das três variáveis com o meio ambiente.
    d) O movimento CTS teve início no pós-guerra, em meados da década de 1960, e questionava o emprego da ciência e da tecnologia com finalidades bélicas e os impactos disso para a sociedade.

Gabarito: b
***Feedback* do exercício**: Inicialmente, o movimento se chamava *ciência, tecnologia e sociedade* (CTS) e, posteriormente, ao incluir entre suas preocupações os impactos ambientais causados pelo avanço da ciência e da tecnologia, mudou sua nomenclatura, passando a adotar a sigla CTSA. Esse movimento teve início em meados de 1960, e seu intuito era diminuir as implicações provenientes de uma sociedade tecnológica.

De acordo com Pinheiro, Silveira e Bazzo (2007), a abordagem CTSA tem o potencial de suscitar nos alunos a curiosidade, o espírito investigador e questionador de modo que esse aluno esteja apto para transformar sua realidade. Para isso, faz-se necessário abordar questões que fazem parte do cotidiano do aluno para que elas possam ser usadas na solução de problemas da comunidade em que vive.

3.2 Elementos da visão CTSA

Nas subseções a seguir, apresentaremos os elementos que compõem a visão ciência, tecnologia, sociedade e ambiente (CTSA).

3.2.1 Ciência

Segundo Chassot (2007), a ciência é uma das mais extraordinárias criações do homem, pois o conhecimento dá poder ao ser humano, além de proporcionar satisfação intelectual e até mesmo estética. É preciso, contudo, estar atento para o fato de que, em ciência, não há verdades absolutas e imutáveis, sendo o conhecimento sempre passível de ser atualizado e readequado.

O que mais impulsiona o avanço da ciência é a curiosidade humana. A curiosidade científica nasce, por vezes, sem a intenção de chegar a resultados revolucionários. A despeito disso, o saber que resulta dessa curiosidade é capaz de proporcionar grandes avanços à humanidade.

A ciência e a tecnologia andam juntas: a primeira permite ao homem a criação de novas tecnologias, e a segunda facilita o trabalho da ciência. A sociedade é bastante beneficiada por essa inter-relação das áreas. As conquistas impulsionadas por ela podem ser verificadas desde as primeiras manifestações de domínio do homem sobre a natureza até as mais complexas construções computacionais (Ipea, 2019), sendo que alguns dos mais importantes e notáveis são aqueles voltados para a saúde, como os grandes avanços da medicina moderna, que trouxe a cura para uma série de doenças.

Temos de ressaltar o caráter social e histórico da ciência; afinal, ela é construída no seio de uma sociedade e em determinado momento histórico, sendo influenciada por esse contexto, mas também influenciando-o. O conhecimento pode ser idealizado como a resolução de problemas teóricos ou experimentais; na área da educação, ao se abordar um conhecimento específico, seja em química, na física ou na biologia, por exemplo, os problemas e as razões históricas que conduziram a determinado conhecimento científico devem ser contextualizados (Nunes, 2010).

Para Freire-Maia (2000, p. 128):

Não se pode ingenuamente acreditar que a ciência, como um conjunto de conhecimentos (ciência-disciplina) e de atividades (ciência-processo), seja algo independente do meio social, alheio a influências estranhas e neutro em relação às várias disputas que envolvem a sociedade. Analisada por qualquer um de seus dois ângulos, a ciência representa um corpo de doutrinas gerado ou em geração num meio social específico e, obviamente, sofrendo as influências dos fatores que compõem a cultura de que faz parte. Produto da sociedade, influi nela e dela sofre as influências.

3.2.2 Tecnologia

Para autores como Chassot (2006), Cajas (2001) e Demo (2000), a humanidade encontra-se inserida em uma sociedade que é marcada pelas modificações geradas pela tecnologia, de tal maneira que pode ser denominada como *sociedade tecnológica*.

De forma simplificada, podemos diferenciar ciência e tecnologia da seguinte forma:

- A ciência busca as explicações sobre os fenômenos que ocorrem na natureza.
- A tecnologia é um instrumento, uma atividade mais prática, ou até mesmo um processo que contribui para o alcance de objetivos.

De acordo com Márcia Gorette Lima da Silva (2003), a tecnologia tem três aspectos:

1. **cultural**, no qual se inclui o sistema sociotécnico em execução;
2. **organizacional**, no qual está incluído o sistema sociotécnico de manufatura;
3. **técnico**, no qual se inserem os componentes físicos, objetos da produção humana, e as competências e habilidades para se executar estas atividades.

Nota-se atualmente forte interdependência entre as referidas áreas, sendo a tecnologia a maneira prática de aplicar a ciência. Como exemplo, podemos citar a produção de aparelhos celulares, a qual se fundamenta em conceitos de ondas que possibilitam as ligações e a conexão com a internet. A bateria funciona de acordo com princípios de química e eletricidade. Outro exemplo são as empresas que investem em ciência aplicada por saberem que os estudos nessa área geralmente fornecem bons resultados; como na indústria farmacêutica, em que as pesquisas bioquímicas podem levar à produção de novas drogas utilizadas na cura de doenças, tendo alto potencial econômico.

Um levantamento realizado pela Pesquisa Nacional por Amostra de Domicílios Contínua (Pnad), divulgada em 2017 pelo Instituto Brasileiro de Geografia e Estatística (IBGE), revelou que no ano anterior a internet estava presente em 63,6% dos domicílios brasileiros e em 94,8% desses lares o acesso era feito por meio de celulares. A tendência natural é que esses números cresçam com o passar dos anos (Silveira, 2017).

A tecnologia proporciona vários benefícios para aqueles que fazem uso dela, e no meio educacional isso não é diferente (Gobb, 2020).

No ramo da educação, a crescente quantidade de cursos superiores ofertados a distância ilustra perfeitamente o potencial da tecnologia. Hoje, é possível participar de cursos em quase todas as áreas assistindo a aulas *on-line*, além de outros sistemas virtuais de ensino disponíveis.

Podemos citar, ainda, a gamificação, que tem o objetivo de levar a dinâmica dos jogos de *videogame* para salas de aula, cursos de idiomas, *apps* de organização de tarefas, simulados, livros *on-line*.

Enfim, as opções são muitas e os resultados são inquestionáveis, já que essas diversas ferramentas tecnológicas garantem acesso a uma vasta quantidade de informações e a elementos didáticos que facilitam, e muito, o processo de aprendizagem.

A utilização da tecnologia favorece o aproveitamento do tempo, aumentando a produtividade, o que é muito bom para as empresas. A tecnologia também ajuda a melhorar a qualidade de produtos e serviços, de modo que se ofereça às pessoas o que há de melhor. O aparecimento de novas soluções tecnológicas e descobertas científicas tende a crescer a cada dia.

> Na área de ciência, tecnologia e inovação, o maior desafio no Brasil é a elaboração e a implementação de uma política de longo prazo que permita ao desenvolvimento científico e tecnológico alcançar a população e que efetivamente tenha um impacto determinante na melhoria das condições de vida da sociedade. Esse é um processo que vem melhorando

com o tempo e evidencia o grande potencial de geração de desenvolvimento e inclusão social do investimento público e privado em ciência e tecnologia (Unesco, 2021).

Para saber mais

Para dimensionar a influência da tecnologia sobre a educação, sugerimos a leitura de uma matéria sobre a Educação 4.0, que aborda o significado desse conceito e seus impactos no século XXI. Trata-se de uma evolução da educação tradicional e tem a função de responder às necessidades da quarta revolução industrial, assim como entender e acompanhar o desenvolvimento de crianças e jovens que nascem imersos no mundo digital.

ALMEIDA, E. Entenda o que é a educação 4.0 e seus impactos no século XXI. **Imaginie Educação**, 19 fev. 2020. Disponível em: <https://educacao.imaginie.com.br/educacao-4-0-e-seus-impactos-no-seculo-xxi/>. Acesso em: 11 mar. 2022.

Bazzo (1998, p. 148, citado por Pinheiro; Silveira; Bazzo, 2007, p. 72) destaca:

> É inegável a contribuição que a ciência e a tecnologia trouxeram nos últimos anos. Porém, apesar desta constatação, não podemos confiar excessivamente nelas, tornando-nos cegos pelo conforto que nos proporcionam cotidianamente seus aparatos e dispositivos técnicos. Isso pode resultar perigoso porque, nesta anestesia que o deslumbramento da modernidade tecnológica nos oferece, podemos nos esquecer que a ciência e a tecnologia incorporam questões sociais, éticas e políticas.

Exercício resolvido

1. Sobre os aspectos científicos e tecnológicos, assinale cada um dos itens a seguir como verdadeiro (V) ou falso (F).

    ( ) A ciência objetiva a construção de conhecimento, sempre subordinado a suas potenciais aplicações.

    ( ) A tecnologia está relacionada a um conjunto de conhecimentos científicos que podem ser aplicados à produção ou à melhoria de bens ou serviços.

    ( ) As sociedades investem em ciência com o intuito de expandir o conhecimento humano e o de formar um número cada vez maior de cientistas, a fim de explorar novos princípios e materiais.

    ( ) A ciência, a tecnologia e a inovação são instrumentos fundamentais para o desenvolvimento, o crescimento econômico, a geração de emprego e renda no mundo contemporâneo.

    Assinale a alternativa que apresenta a sequência correta:

    a) V; V; F; F.
    b) F; F; V; V.
    c) F; V; V; F.
    d) F; V; V; V.

Gabarito: d

Feedback do exercício: A ciência, a tecnologia e a inovação são tão cruciais hoje que é impossível imaginar uma sociedade sem o envolvimento dessas três vertentes. Sobre o objetivo da ciência, este está relacionado com a utilização do conhecimento adquirido como fonte de informação, e não necessariamente, voltado para uma potencial aplicação.

Logo, a tecnologia, a ciência e a inovação são três áreas que possibilitam evolução. Aquele que não acompanhar essas transformações ficará desatualizado e à margem das práticas sociais. Não temos ideia de a que ponto pode chegar o avanço da tecnologia, mas precisamos estar preparados.

3.2.3 Sociedade

A palavra *sociedade* vem do latim *"societas"* e seu significado remete à relação entre indivíduos que compartilham um mesmo espaço geográfico, uma cultura, um conjunto de atividades etc. Logo, apresentam uma convivência e desenvolvem atividades conjuntas, de forma ordenada e organizada conscientemente.

Uma sociedade é um coletivo de cidadãos, submetidos a uma mesma autoridade política, a um mesmo código legal e de normas de conduta, organizados e governados por instâncias que visam ao bem-estar coletivo.

No estágio atual da evolução social, o conhecimento ocupa centralidade. Atualmente, o que determina a riqueza de um país é o acesso da população à tecnologia, sua capacidade de desenvolvimento na área tecnológica e de informação, além das práticas relacionadas à tecnologia. Esses três fatores indicam que a tecnologia é um bem simbólico de relevo, que deve ser tido como meta e incorporado nas práticas sociais (Kohn; Moraes, 2007).

Na visão de Kohn e Moraes (2007), a humanidade evoluiu da atividade agrária para a industrialização, processo que revolucionou a estrutura social. Do mesmo modo, o advento da era digital e da informação pode ser considerada uma revolução. Essa alteração nos paradigmas das configurações sociais na sociedade digital impacta diretamente a área científica, sobretudo nas ciências sociais (Kohn; Moraes, 2007).

O avanço científico e tecnológico aproveitado na industrialização e o lançamento de produtos para facilitar a vida do ser humano foram alguns dos fatores que mostram a aplicabilidade social da ciência (Conrado; El-Hani, 2010).

O cotidiano das pessoas tem sido atravessado pela tecnologia de base científica, em grande parte com a promoção da melhoria na qualidade de vida. O poder político, inclusive, aplica procedimentos na Administração Pública envolvendo tecnologias avançadas; por consequência, toda a sociedade é modificada.

Em geral, a escola é a instituição que apresenta os cidadãos à ciência. Krasilchik e Marandino (2007) afirmam que a escola, assim como qualquer outra instituição, não é capaz de acompanhar a evolução científica, o que pode limitar a compreensão de mundo de seus egressos. Por isso, é necessário que diferentes atores sociais trabalhem conjuntamente para promover a alfabetização científica.

De acordo com López e Cerezo (1996), o ensino CTSA tem como objetivo integrar a educação científica, tecnológica e social à abordagem sobre aspectos históricos, éticos, políticos e socioeconômicos. O processo de ensino e aprendizagem precisa contemplar as inter-relações entre ciência, tecnologia e sociedade (Martins, 2010).

3.2.4 Ambiente

A avanço da ciência e da tecnologia revolucionou a maneira como vivemos em sociedade e impactou significativamente a utilização dos recursos de que dispomos. Como reflexo disso, houve um aumento exponencial na produção de energia elétrica, pois em grande medida as tecnologias dependem dela para serem aplicadas. A produção dessa energia gera subprodutos prejudiciais à espécie humana e ao ambiente (Lopes, 2018).

A maior parte dessa energia advém da queima de combustíveis fósseis, produzindo gases que acarretam aquecimento global, buracos na camada de ozônio e muita poluição. Apenas recentemente esforços adicionais foram feitos para a exploração de fontes de energias renováveis.

Perguntas & respostas

O que são fontes de energia renováveis?

As fontes de energia renováveis são aquelas geradas a partir de recursos naturais que podem ser restabelecidos pela natureza, ou seja, que não se esgotam, como a água, a luz do sol e o vento.

As fontes mais utilizadas para a produção de energia elétrica são a hidroelétrica (utiliza a água como fonte), a solar (utiliza a luz do sol que é captada por painéis fotovoltaicos), a eólica (usa o vento) e a de biomassa (utiliza matéria orgânica de origem vegetal ou animal). Tais fontes de energia são consideradas uma alternativa ao modelo energético atual, pois seu uso tem um impacto menor no meio ambiente.

Apesar de a tecnologia afetar o meio ambiente, ela também pode ser utilizada para a resolução de diversos problemas ambientais, desde que se empreguem técnicas sustentáveis como as que produzem energia gerada por fontes renováveis.

O biogás é um tipo de biocombustível obtido de biomassas e pode ser empregado em sistemas de aquecimento e iluminação urbana. A tecnologia relativa ao biogás tem conquistado um mercado cada vez mais amplo, pois se trata de uma forma de geração de energia elétrica sustentável (Iusnatura, 2018).

Ainda como exemplos de biocombustíveis, tem-se o bioetanol, o biodisel, o bioéter, o óleo vegetal e o etanol. A principal vantagem da utilização dos biocombustíveis é a sustentabilidade, com potencial para redução do uso dos combustíveis fósseis.

O Brasil foi pioneiro na produção e na utilização de biocombustíveis. Amendoim, babaçu, beterraba, cana-de--açúcar, canola, dendê, girassol, resíduos agrícolas, milho, soja, mamona, pinhão-manso, óleo de palma e trigo são algumas das matérias-primas utilizadas na produção de biocombustíveis. Os principais biocombustíveis produzidos no Brasil são o biodiesel e o etanol.

Com o uso da biomassa proveniente da cana-de-açúcar, por exemplo, pode-se ter uma redução de cerca de 90% na emissão de CO_2 na atmosfera, em comparação com as demais fontes de energia.

No Brasil, a educação ambiental vem se consolidando desde a década de 1980. Na Constituição Federal de 1988, no artigo n. 225, parágrafo 1. Inciso VI, é instituída como competência do poder público a necessidade de "promover a educação ambiental em todos os níveis de ensino" (Brasil, 2016, p. 131). Esse *status* conferido à educação ambiental favorece sua institucionalização. Por esse motivo, a Lei de Diretrizes e Bases da Educação Nacional elenca essa perspectiva como diretriz para os conteúdos curriculares da educação fundamental. Dessa forma, nos Parâmetros Curriculares Nacionais (PCNs), o meio ambiente é apresentado como tema transversal e trabalhado de forma articulada entre as diferentes áreas do conhecimento, proporcionando aos educandos uma visão global e abrangente da questão ambiental (Guimarães, 2013).

Segundo Guimarães (2013, p. 16), a educação ambiental (EA)

> é uma das dimensões do processo educacional, no entanto, podemos ter diferentes projetos educacionais que refletem e são reflexos de diferentes "visões sociais de mundo", em um espectro que alcança das visões mais conservadoras as mais críticas. O caráter conservador compreende práticas que mantém o atual modelo de sociedade; enquanto crítico, o que aponta a dominação do Ser Humano e da Natureza, revelando as relações de poder na sociedade, em um processo de politização das ações humanas voltadas para as transformações da sociedade em direção ao equilíbrio socioambiental.

Exercício resolvido

1. Decorrentes de diferentes avanços tecnológicos, a expansão das áreas urbanas, o aumento da circulação de automóveis, a utilização inadequada dos recursos naturais e a produção excessiva de lixo são causadores de impactos ambientais indesejados. Assim, considere as afirmativas a seguir.

   I. Poluição sonora, do ar e da água são exemplos do impacto ambiental causado pelo avanço tecnológico.

   II. A celeridade com que o consumo digital aumenta não é sustentável, em razão do nível de energia empregado e à quantidade de matéria-prima necessária para a produção e operação dos equipamentos.

   III. Os impactos ambientais afetam direta ou indiretamente a saúde, a segurança e o bem-estar da população e as atividades sociais e econômicas.

   Assinale a alternativa que lista todas as afirmações verdadeiras:

   a) I e II.
   b) II e III.
   c) I e III.
   d) I, II e III.

Gabarito: d

Feedback do exercício: Todas as afirmativas estão corretas e indicam possíveis impactos causados ao meio ambiente e à sociedade pelo avanço da tecnologia, tanto a poluição de forma geral quanto a grande produção de resíduos provenientes do setor industrial, como a citada produção dos produtos digitais.

3.3 Ensino da química na visão CTSA

O ensino fundamentado na perspectiva CTSA enfatiza o papel social da ciência e da tecnologia relacionadas às questões de natureza social, política ou econômica ligadas ao avanço científico-tecnológico, como as consequências éticas, ambientais ou culturais dessa mudança (Fernandes; Pires; Delgado-Iglesias, 2018).

A visão CTS (ciência, tecnologia e sociedade) ou CTSA (ciência, tecnologia, sociedade e ambiente) dedica-se mais especificamente ao ensino de ciências. Essa abordagem propõe preparar o aluno para o exercício da cidadania, caracteriza-se por uma análise dos conceitos científicos em seu contexto social, e prega que a melhoria da qualidade educacional implica em uma apropriação tal do conteúdo abordado que dê subsídios para uma leitura crítica da realidade (Acevedo-Díaz, 2004).

Os Parâmetros Curriculares Nacionais para o Ensino Médio (PCNEM) ressaltam a importância do ensino de ciências, mais precisamente, do ensino de Química, para formação do cidadão. Entende-se que o aprendizado em tal componente curricular possibilita aos alunos uma compreensão das transformações químicas que ocorrem no mundo físico de forma geral e entender com mais clareza certos fenômenos e tomar decisões de maneira autônoma (Brasil, 2002b). O ensino de Química pautado na CTSA demanda que o professor seja o mediador que garanta "a mobilização dos saberes, o desenvolvimento do processo e a realização de projetos" (Pinheiro; Matos; Bazzo, 2007, p. 151).

Ensinar química a fim de se formar cidadãos requer uma abordagem que instrumentalize o educando a atuar de maneira crítica nas questões cotidianas, tomando decisões fundamentadas e ponderando sobre as consequências dessa postura (Santos; Schnetzler, 1996). O professor deve mediar o conhecimento para contemplar aspectos científicos, tecnológicos, sociais, e suas implicações ambientais, para que os educandos do ensino médio desenvolvam "capacidades de pesquisar, buscar informações, analisá-las e selecioná-las; a capacidade de aprender, criar, formular, ao invés do simples exercício de memorização" (Brasil, 2000b, p. 6).

Pinheiro, Matos e Bazzo (2007) afirmam que é necessária a introdução do enfoque CTSA a partir do ensino fundamental com o intuito de formar um cidadão preocupado com questões do campo científico, tecnológico e social. No ensino de química, é imprescindível que a abordagem CTSA transmita ao aluno uma visão social e ambiental do meio em que ele se insere, o que é capaz de gerar um maior interesse pelos conteúdos trabalhados.

Acerca das habilidades recomendadas para o desenvolvimento do cidadão, e considerando que o professor da área de ciências participa desse processo podendo contribuir para a percepção do aluno sobre sua realidade, é de extrema relevância que o futuro professor de ciências seja capacitado e incentivado durante a graduação a desenvolver tais habilidades nos discentes. Caso desconheça essas habilidades, sua prática em sala de aula poderá estar em desacordo com as metas destacadas nos PCNs.

O trabalho do professor com abordagem CTSA requer uma formação docente diferente da tradicional, com base na transmissão de conteúdos. De acordo com Marcondes et al.

(2009), essa formação representa uma mudança de paradigma no currículos que têm como foco o conhecimento químico.

Segundo Santos (2007), a educação numa abordagem CTSA tem como objetivo proporcionar o conhecimento científico para os estudantes, contribuindo na construção de conhecimentos e no desenvolvimento de habilidades que os capacitem para as tomadas de decisão responsáveis com relação à ciência e à tecnologia.

O ensino de química precisa dialogar com outras áreas do conhecimento, pois é necessário desconstruir a imagem do cientista como um ser isolado da realidade cotidiana e afastado das questões sociais. Para Zanotto, Silveira e Sauer (2016), a valorização dos saberes populares pode atrair a atenção dos estudantes para o estudo da química, desde que seja contextualizada ao meio em que o aluno está inserido em vez de enfatizar a memorização de regras e de fórmulas. Levando-se em consideração os conhecimentos prévios do estudantes, estes poderão compreender que os conceitos da área se aplicam diretamente em situações de seu cotidiano (Chassot, 2006).

Para conferir à educação os contornos da visão CTSA no ensino das ciências, que seja capaz de estimular nos alunos as competências e capacidades já mencionadas, é essencial que os professores conheçam em profundidade tal abordagem e estejam preparados para implementá-la. Por isso, é indispensável que os materiais escolares, que dão suporte à atuação dos professores, sejam construídos tendo como base tal visão, seja nas informações disponibilizadas, nas atividades propostas ou nas sugestões (Fernandes; Pires; Delgado-Iglesias, 2018).

Santos (2007) afirma que grande parte dos professores de ciências apresentam dificuldades em promover discussões sobre questões políticas, restringindo, na maioria das vezes, a abordagem de assuntos CTSA à ilustração de aplicações tecnológicas com exemplos de suas implicações. Entender a importância da abordagem curricular de CTSA em uma visão crítica e reconhecer a necessidade de acrescentar os aspectos sociocientíficos no currículo é um passo importante para se vencer as dificuldades em sala de aula com relação à postura dos professores.

Entretanto, a quantidade de professores que se envolvem na implementação da abordagem CTSA é relativamente pequena. Isso acontece justamente porque carecem de formação inicial que os capacite a estabelecer uma integração entre os vários aspectos pertinentes a essa perspectiva.

Segundo Martín (2006), as instituições de ensino devem oferecer aos professores um ambiente que permita a estes se desenvolverem pessoal e coletivamente. Isso porque um bom profissional discente precisa não só dominar conteúdos, mas ser capaz de utilizá-los, de uma forma ética e moral, para o bem da sociedade.

Zanotto, Silveira e Sauer (2016, p. 727) propõem um estudo sobre a "utilização de saberes populares como ponto de partida para o ensino de conceitos químicos, articulando os diversos saberes sob uma perspectiva CTS". A ideia é adotar uma abordagem metodológica qualitativa, de natureza interpretativa, feita por meio de questionários, apresentação e discussão dos resultados das pesquisas bibliográficas realizadas pelos próprios alunos, e obter como resultado a elaboração e análise de mapas conceituais (Figura 3.2) e a produção de infográficos.

Figura 3.2 – Mapa conceitual sobre a cebola

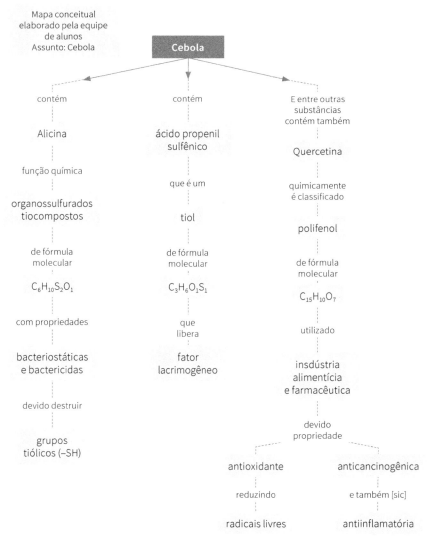

Fonte: Zanotto; Silveira; Sauer, 2016, p. 736.

Essa pesquisa demonstra que "a utilização dos saberes populares se constituiu num fator motivador e de apoio para a aprendizagem, possibilitando a contextualização dos conteúdos, tornando o ensino de Química mais atraente e significativo, facilitando, dessa maneira, a criação de estruturas cognitivas e mudanças de perfil conceitual" (Zanotto; Silveira; Sauer, 2016, p. 727).

Os projetos baseados na abordagem CTSA devem apresentar a seguinte estrutura (Figura 3.3) em que a seta indica o sentido da sequência das etapas:

Figura 3.3 – Estrutura dos projetos CTSA

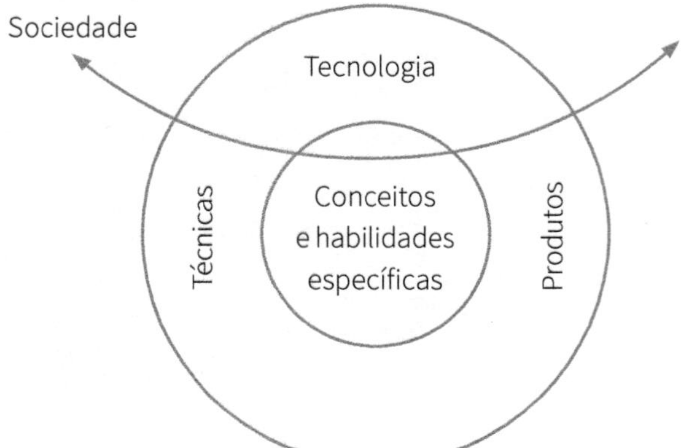

Fonte: Mendes, 2018, p. 14.

Aikenhead (1990) sintetiza as cinco etapas de um projeto CTSA, não sendo obrigatório seguir as etapas nesta ordem:

1. introdução de uma questão social;
2. análise de uma tecnologia relacionada ao tema social;

3. definição do conteúdo científico em função do tema social e da tecnologia introduzida;
4. estudo da tecnologia correlata em função do conteúdo apresentado;
5. nova discussão a respeito da questão social original.

Em uma análise feita por Auler (2007), de 52 trabalhos pesquisados, aproximadamente

> 51% apresentam, em sua estruturação e desenvolvimento, a abordagem de apenas uma disciplina, 20% com duas disciplinas envolvidas, 7% com três ou mais disciplinas e em torno de 21% dos trabalhos não há a explicitação das disciplinas envolvidas. Cabe destacar que, em 100% dos trabalhos, as disciplinas envolvidas estão restritas ao campo ciências naturais: Biologia, Física, Química, Geologia e Matemática.

Ou seja, persiste a histórica separação entre as denominadas ciências naturais e ciências humanas.

3.4 Abordagem CTSA na formação docente

Segundo Carvalho e Gil-Pérez (2001), a formação dos docentes da área das ciências tem sido constantemente aprimorada, atribuindo às disciplinas relacionadas à didática a função de articular as disciplinas da base científica e as disciplinas de caráter pedagógico.

A abordagem CTSA contempla conhecimentos de outros componentes curriculares, como Biologia, História, Geografia, Filosofia, Física e Matemática. Isso implica uma alteração significativa no papel do professor, que passa a necessitar de uma multiplicidade de estratégias para estabelecer correlações entre as diversas áreas do conhecimento.

Esse cenário aponta para a necessidade de preparar o professor para planejar, elaborar e avaliar atividades que integram a abordagem CTSA, considerando que "não há ensino de qualidade, nem reforma educativa, nem inovação pedagógica sem uma adequada formação de professores" (Nóvoa, 1992, p. 9).

Mendes (2018, p. 16, grifo nosso) comenta que o processo formativo docente em três perspectivas básica:

> Na **perspectiva acadêmica**, "o futuro professor é visto como um especialista que acumula conhecimentos no processo de aprendizagem. Dessa forma, quanto mais conhecimentos possuir, melhor será para a sua função de transmitir esses conteúdos"(LORENCINI JR., 2009, p. 27).
>
> Na **perspectiva técnica**, "o professor é um técnico que deve aprender e dominar as aplicações desse conhecimento científico produzido pelos investigadores, e desenvolver competências e atividades adequadas à sua intervenção prática" (LORENCINI JR., 2009, p. 28).
>
> Na **perspectiva prática**, o professor é o agente de mudança e "tomará decisões e opções éticas e políticas para enfrentar situações únicas, ambíguas, incertas e conflituosas que configuram a sala de aula" (LORENCINI JR., 2009, p. 30).

Dessa forma, observa-se como, nas perspectivas acadêmica e técnica, os docentes dificilmente conseguiriam alcançar a perspectiva da abordagem CTSA, uma vez que esta requer uma contextualização do ensino sob uma perspectiva prática.

Praia, Gil-Pérez e Vilches (2007) abordam alguns elementos a serem contemplados na prática docente para ququanto para os os estudantes sejam capazes de analisar problemas, sugerir hipóteses e até soluções. Primeiramente, o estudante deve ser encorajado a perceber a relação entre as situações-problema propostas e a realidade em que vive, de modo a desenvolver interesse e se sentir motivado a contribuir na tomada de decisões sobre os assuntos de seu cotidiano, compreendendo e transformando o mundo. Em seguida, ao analisar tais situações-problema, ele poderá expor suas concepções alternativas ao fazer perguntas funcionais e, então, formular hipóteses fundamentadas nos conhecimentos que tem; feito isso, ele deverá definir e implementar estratégias para solucionar essas situações, preparando-se para enfrentar os novos problemas que surgirem. Ao final, deverá analisar os resultados que obteve comparando-os com os obtidos por outros. Caso seja gerado o conflito cognitivo, o estudante deverá reestruturar sua investigação, o que implica na necessidade de uma boa comunicação para desenvolvimento de um trabalho coletivo. É por meio desse processo que a ciência se desenvolve.

Exemplificando

Em sua pesquisa, Borges et al. (2010) colocaram em prática a visão CTSA, aplicando uma atividade extraclasse com o objetivo de relacionar o ensino de Química ao cotidiano do aluno e suas consequências socioambientais. Nessa prática, a atividade extraclasse substituiu a metodologia tradicional de ensino por uma nova perspectiva, que proporcionou aos alunos um ensino significativo. Ademais, a estratégia permitiu a participação deles nas discussões com comentários e críticas, possibilitando que buscassem construir seu próprio conhecimento de forma individual, de modo a adotar uma conduta social responsável. O exercício tinha também o intuito de desenvolver nos alunos a conduta científica, a capacidade de tomar decisões e de agir diante das realidades ambientais.

Dessa forma, ao inovar em sala de aula e proporcionar ao aluno observar, debater e formar opiniões sobre os conceitos e conteúdos aprendidos, a aprendizagem torna-se mais prazerosa e interessante, tanto para os alunos quanto para os professores.

Síntese

Neste capítulo, demonstramos que a visão CTSA tem caráter interdisciplinar com foco na aplicação da ciência e da tecnologia voltadas a questões sociais e ambientais. Atualmente, é praticamente impossível fazer ciência sem considerar a visão CTSA.

O CTSA pode ser analisado com base nas relações tecnocientíficas, sociocientíficas e sociotecnológicas.

No que se refere ao ensino de Química, a abordagem CTSA propõe uma mudança na apresentação da ciência como neutra para uma visão com enfoque no contexto da pesquisa científica e de suas consequências sociais.

Capítulo 4

Pesquisa científica

Conteúdos do capítulo:

- Conceito de pesquisa científica.
- Tipos de pesquisa científica.
- Principais eixos da pesquisa científica.
- Etapas da pesquisa científica.

Após o estudo deste capítulo, você será capaz de:

1. conceituar a pesquisa científica;
2. identificar os diferentes tipos de pesquisas científicas e quando devem ser empregados;
3. caracterizar cada etapa de uma pesquisa científica;
4. desenvolver uma pesquisa científica seguindo as etapas necessárias para sua formulação.

A pesquisa científica é a aplicação prática, por parte de um pesquisador (cientista), de métodos de investigação, que devem seguir determinados padrões preestabelecidos e formas específicas de composição, a fim de produzir conhecimento, integrando-o aos pré-existentes.

Como resultado de um processo planejado, a pesquisa científica se desenvolve ao longo de várias etapas: a seleção do tema, o exame da literatura, a problemática, a escolha de um método de análise, a coleta de dados, o estudo e discussão dos dados e as conclusões.

Desse modo, para a elaboração de uma pesquisa com o rigor científico, o pesquisador tem de escolher um tema, definir o problema a ser investigado, desenvolver um plano de trabalho e, após o cumprimento desse plano, analisar os resultados, para evidenciar as conquistas alcançadas com o trabalho (Fontelles et al., 2009).

4.1 Conceito de pesquisa científica

Não se deve confundir uma pesquisa científica com uma pesquisa simples, bastante frequentes na escola ou mesmo na vida cotidiana. Uma pesquisa científica é a execução de um conjunto padrão de procedimentos com o objetivo de encontrar respostas para questionamentos elaborados previamente ou que surgem durante o trabalho e que visam ao progresso do estudo.

Lehfeld (1991, citado por Gerhardt; Silveira, 2009, p. 33) define pesquisa científica como "a inquisição, o procedimento sistemático e intensivo, que tem por objetivo descobrir e interpretar os fatos que estão inseridos em uma determinada realidade".

A ciência e a produção de conhecimento estão necessariamente interligadas à realização de uma pesquisa. Atualmente, a ciência e a pesquisa estão presentes no cotidiano das pessoas em diferentes atividades.

4.2 Tipos de pesquisa científica

Segundo Fontelles et al. (2009), um pesquisador que deseja planejar um experimento, precisa inicialmente escolher, entre os diferentes tipos de pesquisa, aquele que melhor satisfaz seus objetivos.

O Quadro 4.1 apresenta uma classificação dos tipos de pesquisa científica quanto a finalidade, natureza, forma de abordagem, objetivos, procedimentos técnicos e desenvolvimento no tempo.

Quadro 4.1 – Tipos de pesquisa científica

Classificação	Tipos de pesquisa
Quanto à finalidade	☐ Pesquisa básica ou fundamental ☐ Pesquisa aplicada ou tecnológica
Quanto à natureza	☐ Pesquisa observacional ☐ Pesquisa experimental
Quanto à forma de abordagem	☐ Pesquisa qualitativa ☐ Pesquisa quantitativa 　☐ Descritiva 　☐ Analítica
Quanto aos objetivos	☐ Pesquisa exploratória ☐ Pesquisa explicativa
Quanto aos procedimentos técnicos	☐ Pesquisa bibliográfica ☐ Pesquisa documental ☐ Pesquisa de laboratório ☐ Pesquisa de campo
Quanto ao desenvolvimento no tempo	☐ Pesquisa transversal ☐ Pesquisa longitudinal ☐ Pesquisa prospectiva ☐ Pesquisa retrospectiva

Fonte: Fontelles et al., 2003, p. 5.

São vários os tipos de pesquisa científica, cada um com uma função definida.

A **pesquisa básica**, ou **fundamental**, diz respeito à realização de trabalhos teóricos que visam ao estabelecimento de novos conhecimentos com base nos fenômenos observáveis. Não há um fim específico para as conclusões desse tipo de estudo, ele se presta a entregar novos conhecimentos para a sociedade.

A **pesquisa aplicada**, ou **tecnológica**, é aquela que busca conhecimentos que contribuam para a resolução de problemas reais.

A **pesquisa experimental**, conforme indica seu nome, está relacionada a algum tipo de experimento. Segundo Gerhardt e Silveira (2009, p. 38), "a pesquisa experimental pode ser desenvolvida em laboratório (onde o meio ambiente criado é artificial) ou no campo (onde são criadas as condições de manipulação dos sujeitos nas próprias organizações, comunidades ou grupos)".

Na **pesquisa observacional**, o pesquisador observa comportamentos e posteriormente analisa os dados observados. Esse tipo de pesquisa tem caráter não experimental, pois o pesquisador não deve intervir nas variáveis do estudo e não tem controle sobre o resultado de suas observações. Desse modo, esse tipo de investigação não permite que se chegue a conclusões definitivas a respeito de causas e efeitos relacionados ao objeto estudado.

Quanto à forma de abordagem, é possível classificar a pesquisa científica em qualitativa e quantitativa. Embora apresentem métodos e estruturas diferentes, os dois tipos podem ser utilizados para análise de fenômenos sociais.

A **pesquisa qualitativa** pode ser empregada com objetos de investigação que não podem ser quantificados numericamente, como comportamentos, opiniões etc. Esse tipo de abordagem se relaciona mais ao "porquê" de um fenômeno, pois a análise que se faz é de dados não mensuráveis.

De acordo com Silveira e Córdova (2009, p. 34, grifo do original),

As características da pesquisa qualitativa são: objetivação do fenômeno; hierarquização das ações de **descrever, compreender, explicar**; precisão das relações entre o global e o local em determinado fenômeno; observância das diferenças entre o mundo social e o mundo natural; respeito ao caráter interativo entre os objetivos buscados pelos investigadores, suas orientações teóricas e seus dados empíricos; busca de resultados os mais fidedignos possíveis; oposição ao pressuposto que defende um modelo único de pesquisa para todas as ciências.

A **pesquisa quantitativa** se propõe a realizar uma análise de resultados. Para isso, utiliza-se de estatísticas, porcentagens, médias, coeficientes etc. Portanto, esse tipo de pesquisa busca quantificar opiniões, transformando-as em dados objetivos. A pesquisa quantitativa pode ser classificada como descritiva ou analítica. A pesquisa descritiva é utilizada quando se deseja, por exemplo, fazer um registro do estado de algo ou de opiniões, para que se possam estabelecer projeções. É o tipo de estudo que parte do pressuposto de que suas conclusões podem contribuir para a melhoria de alguma situação. Uma pesquisa descritiva pode ser desenvolvida por meio de entrevistas ou de estudos de caso. Já a pesquisa analítica requer um exame mais aprofundado dos dados obtidos.

Fonseca (2002, citado por Silveira; Córdova, 2009) faz uma comparação entre os principais aspectos das pesquisas qualitativa e quantitativa, como mostra o Quadro 4.2.

Quadro 4.2 – Comparação entre as pesquisas qualitativa e quantitativa

Aspecto	Pesquisa Quantitativa	Pesquisa Qualitativa
Enfoque na interpretação do objeto	Menor	Maior
Importância do contexto do objeto pesquisado	Menor	Maior
Proximidade do pesquisador em relação aos fenômenos estudados	Menor	Maior
Alcance do estudo no tempo	Instantâneo	Intervalo Maior
Quantidade de fontes de dados	Uma	Várias
Ponto de vista do pesquisador	Externo à organização	Interno à organização
Quadro teórico e hipóteses	Definidas rigorosamente	Menos estruturadas

Fonte: Fonseca, 2002, citado por Silveira; Córdova, 2009, p. 35.

A intenção dessa comparação não é colocar esses dois tipos de pesquisa como opostos, no sentido de que o pesquisador deve se posicionar a favor de um ou de outro. Para optar adequadamente por uma delas, o pesquisador precisa considerar fatores de natureza prática, empírica e técnica, levando em conta recursos materiais, temporais e pessoais (Günther, 2006).

A seguir, esclareceremos como as pesquisas são classificadas conforme seus objetivos.

A **pesquisa exploratória** tem como objetivo obter informações acerca de determinado fenômeno ou assunto. É considerada um estudo inicial para o desenvolvimento de outro de maior aplicação, de modo a proporcionar maior familiaridade com o problema. Segundo Gil (2007), pode envolver levantamento bibliográfico e entrevistas com pessoas experientes no problema pesquisado. Geralmente, estrutura-se como pesquisa bibliográfica e estudo de caso.

A **pesquisa explicativa** busca identificar os fatores que determinam a ocorrência de um fenômeno ou que contribuem para isso, explicando as causas do objeto estudado, sendo, portanto, um tipo mais complexo de pesquisa (Gil, 2007).

Abordaremos, a seguir, a classificação de uma pesquisa quanto aos procedimentos técnicos.

A **pesquisa bibliográfica** é um estudo crítico de ideias e conceitos, propondo uma comparação entre diferentes pontos de vista a respeito de determinado fenômeno (Sigelmann, 1984). Para o desenvolvimento de uma pesquisa bibliográfica, o investigador, em geral, se baseia em artigos acadêmicos produzidos por outros pesquisadores (Gil, 2007).

A **pesquisa documental** é semelhante à pesquisa bibliográfica, diferindo-se desta, sobretudo, pela natureza das fontes pesquisadas (Gil, 2007). A pesquisa do tipo documental "vale-se de materiais que não receberam ainda um tratamento analítico, ou que ainda podem ser reelaborados de acordo com os objetos da pesquisa" (Gil, 2007, p. 45). Além de fontes primárias (arquivos de igrejas, sindicatos, instituições etc.), lida com aqueles que já foram processados, mas podem receber outras interpretações, como relatórios de empresas, tabelas etc. (Gil, 2007).

Perguntas & respostas

O que é uma fonte primária ou de primeira mão?

É toda fonte escrita (impressa ou manuscrita), oral ou visual que trata, de modo direto, do tema investigado, às vezes de maneira original. Por exemplo: ao se pesquisar sobre a década de 1920, jornais, revistas, depoimentos, filmes e documentos oficiais produzidos neste período constituem-se em fontes primárias (Abrão, 2002).

Na **pesquisa de laboratório**, o pesquisador coleta dados em ambiente controlado e pode interferir na produção do fato ou fenômeno estudado, em condições também controladas, utilizando instrumentos específicos para esse fim.

Na **pesquisa de campo**, o pesquisador recolhe informações diretamente com pessoas, seja observando-as, seja por meio de entrevistas, e associa tais dados aos encontrados em pesquisa bibliográfica. Coelho (2019) dá como exemplos dessa modalidade, a pesquisa *ex-post-facto*, a pesquisa-ação e a pesquisa participante. Esta pesquisa utiliza-se de dados coletados em um campo que apresenta conteúdo com grande importância para o objeto de pesquisa.

O que são pesquisa *ex-post-facto*, pesquisa-ação e pesquisa participante?

Segundo Coelho (2019), *ex-post-facto* é um tipo de pesquisa que "investiga possíveis relações de causa e efeito entre um determinado fato e um fenômeno que ocorre posteriormente". Caracteristicamente, nesse tipo de pesquisa, as informações são coletadas depois de o fenômeno estudado ter ocorrido. A pesquisa-ação busca conjugar teoria e prática, de maneira que os pesquisadores e os participantes do problema estudado colaboram mutuamente. A pesquisa participante, por sua vez, pressupõe a identificação do pesquisador com o grupo de pessoas investigadas.

Vejamos agora os diferentes tipos de pesquisa quanto ao desenvolvimento no tempo.

De acordo com Lehman e Mehrens (1971, citados por Sigelmann, 1984, p. 146), a **pesquisa transversal** se propõe "a estudar um problema utilizando dados colhidos em diferentes subgrupos de pessoas que estejam em diferentes estágios de desenvolvimento. A grande dificuldade desse tipo de estudo está na obtenção de grupos comparáveis e, também, é preciso cuidado para não tirar conclusões longitudinais".

Assim como a transversal, a **pesquisa longitudinal** serve a investigar as diferentes etapas de um mesmo fenômeno, com a diferença de que esta considera os mesmos indivíduos ao longo de determinado período. O inconveniente desse tipo de pesquisa é que, como o tempo demandado para a conclusão do trabalho é relativamente longo, o pesquisador pode perder contato com os sujeitos que colaboram com a pesquisa. Geralmente, os resultados de pesquisas longitudinais são cientificamente mais confiáveis do que o de uma pesquisa transversal, embora esta última seja economicamente mais viável (Sigelmann, 1984).

Essa categoria de pesquisa se subdivide em prospectiva e retrospectiva. A diferença entre estas reside no "sentido da condução da pesquisa em relação ao tempo de sua realização" (Fontelles et al., 2009): a pesquisa prospectiva parte do presente em direção ao futuro, já a retrospectiva é desenvolvida para investigar fatos do passado, podendo considerar uma faixa temporal do momento atual (do pesquisador) até um ponto pré--determinado do passado, ou partir de um momento específico do passado até o momento atual do pesquisador.

Exercício resolvido

1. Sobre a pesquisa científica e sua classificação, julgue os itens a seguir em verdadeiro (V) ou falso (F).
   ( ) Toda pesquisa tem como objetivo gerar novos conhecimentos para serem aplicados na resolução de problemas específicos.
   ( ) A pesquisa científica pode ser definida como uma ferramenta de estudos para a descoberta de novos conhecimentos.

( ) A pesquisa quantitativa coleta dados estatísticos, e a qualitativa recolhe informações que descrevem a investigação de maneira mais abstrata.

( ) Quanto à forma de abordagem, a pesquisa pode ser do tipo observacional, que é baseada em procedimentos de natureza sensorial.

( ) O objetivo da pesquisa descritiva é apresentar uma descrição dos fatos e fenômenos de determinada realidade.

Assinale a alternativa que a apresenta a sequência correta:

a) V; V; F; F; V.
b) F; F; V; V; V.
c) F; V; V; F; V.
d) F; V; F; F; V.

Gabarito: c

Feedback **do exercício:** A primeira afirmativa é falsa, pois há determinadas pesquisas que não visam a uma aplicação prática; a pesquisa que tem como objetivo gerar novos conhecimentos para serem aplicados na resolução de problemas específicos é a pesquisa científica aplicada ou tecnológica. A quarta afirmativa, apesar de descrever de forma correta a pesquisa científica observacional, esta é classificada quanto à natureza da pesquisa e não quanto à forma de abordagem.

4.3 Eixos da pesquisa científica

Para tratarmos das etapas da pesquisa científica, temos de esclarecer como elas podem ser articuladas. Quivy e Campenhoudt (1995, citados por Gerhardt, 2009) descrevem os princípios dos três eixos de uma pesquisa (ruptura, construção e constatação) e da lógica entre eles.

Para o início de uma pesquisa, é necessária uma **ruptura**. Isso porque os conhecimentos de cada pesquisador podem estar "contaminados" por impressões subjetivas, preconceitos e valores particulares. Desse modo, o investigador tem de romper com as ideias preconcebidas, abandonando preconceitos para conseguir construir uma pesquisa sólida e confiável.

A **construção** diz respeito à elaboração da base do estudo, de maneira lógica e embasada teoricamente, seguida da explicitação de proposições que expliquem o objeto de estudo e do planejamento da pesquisa a ser realizada.

A **constatação** se refere à possibilidade de as conclusões de uma pesquisa serem verificadas na realidade concreta.

Os três eixos se inter-relacionam e podem ser executados mais de uma vez em uma mesma pesquisa. Sem a ruptura, não há construção tampouco constatação, já que o sucesso desta última depende de uma construção adequada.

Para saber mais

Em *Metodologia de pesquisa*, a professora Liane Zanella (2011) apresenta uma abordagem em que o desenvolvimento de uma pesquisa científica se enquadra em três etapas: planejamento, execução e comunicação dos resultados.

ZANELLA, L. C. H. **Metodologia de pesquisa**. 2. ed. rev. atual. Florianópolis: Departamento de Ciências da Administração/UFSC, 2011. Disponível em: <http://arquivos.eadadm.ufsc.br/somente-leitura/EaDADM/UAB3_2013-2/Modulo_1/Metodologia_Pesquisa/material_didatico/Livro-texto%20metodologia.PDF>. Acesso em: 11 mar. 2022.

4.4 Etapas da pesquisa científica

A pesquisa científica compreende sete etapas, são elas: (1) formulação da questão inicial; (2) exploração da questão inicial (etapas de ruptura); (3) elaboração da problemática; (4) construção de um modelo de análise (etapas de construção); (5) coleta de dados; (6) análise das informações; e (7) conclusões (etapas de constatação).

Na Figura 4.1, são esquematizadas tais etapas, a direção do fluxo e a retroalimentação das etapas de uma pesquisa científica.

Figura 4.1 – Etapas da pesquisa científica

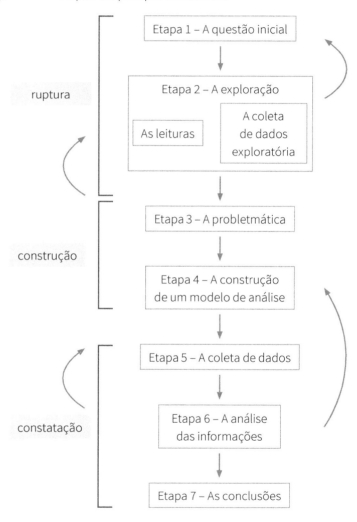

Fonte: Quivy; Campenhoudt, 1995, citados por Gerhardt, 2009, p. 49.

4.4.1 Questão inicial

Para empreender uma pesquisa científica, o pesquisador deve primeiramente escolher o assunto e o tema da investigação e, em seguida, elaborar uma questão cuja resposta lhe permita compreender melhor determinado fenômeno que deseja estudar. Essa questão precisa ser formulada de maneira clara e deve considerar o conhecimento já existente sobre o tema, de modo a embasar o estudo e apontar para outras descobertas.

Segundo Duarte (2022), a escolha do tema deve levar em conta as seguintes condições: O tema é apropriado às perspectivas do pesquisador? Qual é a complexidade do material bibliográfico disponível? Essa bibliografia é suficiente e atualizada? Bibliografia disponível muito complexa demanda um tempo maior para a execução da pesquisa, o que pode inviabilizá-la. Outros pontos que devem ser considerados estão relacionados à capacidade, à formação, às experiências profissionais, aos conhecimentos prévios do pesquisador e à relevância da temática.

Um assunto bastante pesquisado e estudado nos últimos anos diz respeito à Covid-19. Os primeiros registros da doença datam de 2019, mas a identificação do agente causador e das consequências dessa infecção só ocorreu no ano seguinte. Vários artigos científicos vêm sendo publicados sobre esse assunto: Falavigna et al. (2020) investigaram as diretrizes para o tratamento farmacológico da Covid-19; Garcia e Duarte (2020) estudaram as intervenções não farmacológicas para o enfrentamento à epidemia da Covid-19 no Brasil; Cortegiani et al. (2020) propuseram uma revisão sistemática sobre a eficácia e a segurança da cloroquina para o tratamento de Covid-19.

4.4.2 Exploração

A exploração do tema pode ser desenvolvida de duas maneiras: (1) leitura (revisão bibliográfica) e (2) coleta de dados exploratória.

A **leitura** serve para que o pesquisador verifique se o estudo a que se propõe é viável do ponto de vista teórico; além disso, é um mapeamento dos conhecimentos existentes sobre o tema a ser estudado, isto é, um levantamento de outras abordagens relacionadas ao tema escolhido. O estudo pode começar com pesquisa em bibliotecas: livros, revistas científicas, artigos acadêmicos, monografias, dissertações, teses etc.

A **coleta de dados exploratória** pode ser realizada por meio de entrevistas e da leitura de documentos relacionados ao tema. Sua finalidade é revelar dados que ainda não eram de conhecimento do pesquisador.

Se bem executadas, essas duas formas de coleta de dados contribuem para a construção da temática trabalhada.

Segundo Zanella (2011), a etapa de análise do tema possibilita ao pesquisador clareza na concepção da problemática da pesquisa e de seus objetivos, indicando o método mais adequado à solução de tal problema, identificando as metodologias mais apropriadas e dando suporte para a análise dos dados.

4.4.3 Problemática

Depois de definido o tema, é necessário delimitar a problemática da pesquisa, pois toda investigação parte de uma dúvida ou um questionamento. Essa problemática é chamada também de *questão norteadora* ou *questão de pesquisa* (Zanella, 2011).

O que é?

O problema da pesquisa (ou problematização) é uma questão que o pesquisador tem de buscar responder, impulsionando o desenvolvimento do trabalho. Trata-se de um questionamento que tem o objetivo de incitar o pesquisador a buscar respostas possíveis. Em suma, são as respostas a esse questionamento que possibilitam o avanço da pesquisa.

Na elaboração da problemática de uma pesquisa, de acordo com Köche (1997, citado por Zanella, 2011, p. 53, grifo do original), deve-se observar que:

- ele é sempre uma pergunta, um questionamento; assim, a frase termina com um **ponto de interrogação**;
- o enunciado expressa uma possível **relação** entre, no mínimo, duas **variáveis conhecidas**, e essa relação pode não ser necessariamente de causa e efeito;
- a pergunta deve ser **clara e concisa**; e
- a pergunta deve ser **passível de solução**.

Assim como há uma interação entre as três primeiras etapas expostas na Figura 4.1, há interação entre as etapas seguintes. A problemática chega a sua formulação final graças à construção do modelo de análise (etapa 4 da Figura 4.1). A construção e a problematização são de naturezas diferentes, uma vez que a primeira tem como finalidade orientar a coleta de dados (Gerhardt, 2009).

Exercício resolvido

2. A respeito das características das três primeiras etapas da pesquisa científica, ou seja, a escolha do tema da pesquisa, a exploração desse e a elaboração da problemática, analise as afirmativas seguir e assinale a **incorreta**:
   a) A fundamentação teórica se presta ao objetivo de apresentar os estudos sobre o tema ou, mais especificamente, sobre o problema de pesquisa, realizados por outros autores.
   b) Tema é o assunto a ser pesquisado. A escolha não precisa necessariamente ter relação com as aptidões do pesquisador.
   c) Um problema de pesquisa visa provocar o pesquisador a chegar a possíveis respostas que façam avançar a investigação.
   d) Com base no levantamento teórico da pesquisa, o pesquisador pode definir os objetivos e a problemática do estudo em questão.

Gabarito: b
Feedback **do exercício**: A alternativa "b" está incorreta, visto que, para a escolha do tema de uma pesquisa científica, alguns aspectos relevantes precisam ser levados em consideração, como a formação do pesquisador, sua área de conhecimento, bem como suas experiências e vivências profissionais.

4.4.4 Construção do modelo de análise

O avanço do conhecimento científico se baseia na confrontação do que o pesquisador observa com dados já verificados e fundamentados em concepções teóricas. Para que esse processo prossiga, a formulação de hipóteses é de fundamental importância. Hipótese, nesse caso, refere-se às possíveis respostas para o questionamento inicial.

As hipóteses podem ser construídas por meio de duas abordagens: (1) hipotético-indutiva e (2) hipotético-dedutiva, como mostra o Quadro 4.3.

Quadro 4.3 – Abordagem hipotético-indutiva versus hipotético-dedutiva

Hipotético-indutiva	Hipotético-dedutiva
A construção parte da observação. O indicador é de natureza empírica. A partir dele, constroem-se novos conceitos, novas hipóteses e o modelo que será submetido à prova dos fatos.	A construção parte de um postulado ou conceito como modelo de interpretação do objeto estudado. Esse modelo gera, através de um trabalho lógico, as hipóteses, os conceitos e os indicadores para os quais será necessário buscar correspondentes no real.

Fonte: Quivy; Campenhoudt, 1995, citados por Gerhardt, 2009, p. 56.

Assim, a abordagem indutiva, fundamentado no empirismo, adota a concepção de que todo o conhecimento é derivado da experimentação; já a abordagem dedutiva, pautada no racionalismo, tem como princípio a noção de que apenas a razão leva ao conhecimento.

4.4.5 Coleta de dados

A coleta de dados consiste em reunir informações para a pesquisa científica. Trata-se de um conjunto de procedimentos englobando problematização, objetivo geral, objetivos específicos e metodologia. Nesse processo, a metodologia é confrontada com os dados coletados. Para que essa etapa seja executada, o pesquisador precisa levar em conta três questões: O que coletar? Com quem coletar? Como coletar? (Gerhardt, 2009).

Como explica Gerhardt (2009) sobre a primeira dessas questões, os dados a serem coletados devem servir para testar as hipóteses levantadas. No que diz respeito à segunda das perguntas, o recorte relativo às fontes a serem consultadas se baseia no espaço geográfico e social e na faixa temporal, pertinentes à temática da pesquisa. A terceira questão refere-se aos meios utilizados para a coleta de dados. Para que esses meios sejam determinados, o pesquisador precisa: conceber um instrumento que lhe forneça dados adequados para que as hipóteses sejam verificadas (por exemplo, um questionário); pôr o instrumento à prova antes de utilizá-lo (para verificar sua eficácia); e, por fim, colocá-lo em prática (Gerhardt, 2009).

O questionário é um instrumento de coleta de dados, "constituído por uma série de perguntas que devem ser respondidas por escrito e sem a presença do pesquisador" (Marconi; Lakatos, 2003, p. 222). Conforme Martins (2019), entre as vantagens do questionário estão "a economia de tempo, a eficiência na coleta de um grande número de dados, a possibilidade de atingir um número maior de pessoas em uma área geográfica mais ampla".

A coleta de dados pode ocorrer de três formas: contínua, periódica ou ocasional. A primeira se refere à coleta de informações sobre fenômenos durante o período em que estes acontecem; a periódica é aquela que é feita durante ciclos pré--determinados; e a ocasional é realizada sem que se leve em conta a periodicidade.

4.4.6 Análise das informações

Após a coleta, os dados precisam ser processados e analisados. Desse modo, devem ser digitados e interpretados. Nesse momento, as informações têm de ser relacionadas com o problema, com os objetivos e com a teoria de sustentação da pesquisa, "possibilitando abstrações, conclusões, sugestões e recomendações relevantes para solucionar ou ajudar na solução do problema ou para sugerir a realização de novas pesquisas" (Zanella, 2011, p. 66).

Como demonstrado na Figura 4.1, as etapas de análise, hipóteses e coleta de dados interagem. Desse modo, para que o pesquisador proceda a uma análise adequada do material coletado, ele precisa se assegurar da pertinência da construção do modelo de análise e do rigor da coleta de dados (Gerhardt, 2009).

Nessa etapa, os resultados devem ser analisados com base nas informações coletadas com o objetivo de verificar se eles correspondem ou não com os resultados aventados pelas hipóteses suscitadas pelas questões de pesquisa.

4.4.7 Conclusões

Nessa etapa do trabalho, o pesquisador apresenta, de maneira resumida, os resultados a que chegou e o avanço no conhecimento sobre a temática promovido pela pesquisa, explicitando a contribuição do estudo para o meio acadêmico e se houve uma relação satisfatória entre a teoria e a prática. De acordo com Quivy e Campenhoudt (1995, citados por Gerhardt, 2009), a etapa das conclusões se divide em três partes: (1) exposição das questões de pesquisa e das hipóteses, explicação a respeito dos métodos utilizados para a coleta de dados e confrontação dos resultados obtidos com os esperados e com as hipóteses levantas; (2) apresentação das descobertas realizadas pelo trabalho e menção a outras possíveis aplicações dos resultados; e (3) exposição do que foi descoberto sobre a problemática da pesquisa.

É também na conclusão que o pesquisador indica, se for o caso, como os resultados podem ser aplicados na prática.

Se for do interesse do pesquisador, na conclusão podem ser expostos os resultados que não foram alcançados, o que pode dar indicações para trabalhos futuros.

Exercício resolvido

1. A pesquisa científica é constituída de etapas que compreendem a formulação do problema, a elaboração de hipóteses, a coleta dos dados, a análise dos dados e as conclusões. Com relação a essas etapas, considere as proposições a seguir.

    I. Uma hipótese pode ser definida como uma resposta possível para um problema de pesquisa.
    II. Os experimentos são uma forma de coleta de dados em pesquisas desenvolvidas em laboratório.
    III. A realização de estudos observacionais é uma forma de coleta de dados na pesquisa científica.
    IV. A conclusão de uma pesquisa não deve apresentar os resultados do trabalho para não dar a impressão de que esgotou o tema pesquisado.

    Assinale a alternativa que lista todas as afirmativas verdadeiras:
    a) I e II.
    b) II e III.
    c) I, III e IV.
    d) I, II e III.

Gabarito: d.
***Feedback* do exercício**: A única afirmativa incorreta é a IV, pois na etapa de conclusão de uma pesquisa científica é importante que se mencionem as impressões sobre o tema que foi investigado.

De maneira resumida, a investigação científica é constituída por três eixos: ruptura, construção e constatação, e esses eixos se dividem em sete etapas: questionamento inicial, exploração, problemática, construção de um modelo de análise, coleta de dados, análise das informações e, por fim, a conclusão.

4.5 Passos metodológicos específicos

A sequência de etapas utilizadas para o desenvolvimento de uma pesquisa científica varia a depender da descrição assumida por diferentes autores. Sigelmann (1984), por exemplo, sugere alguns passos metodológicos específicos de acordo com o tipo de pesquisa. Para uma pesquisa científica dos tipos **documental** e **bibliográfica**, os passos seriam: (1) identificação da área e do tema; (2) revisão inicial da literatura; (3) definição e delimitação do problema; (4) segunda revisão da literatura; (5) formulação de hipóteses da pesquisa; (6) coleta dos dados; (7) interpretação crítica dos dados; (8) conclusões e sugestões; (9) referências bibliográficas; e (10) relatório.

Como é possível perceber, a nomenclatura utilizada para designar as etapas de uma pesquisa científica podem sofrer alterações conforme o tipo de pesquisa e suas peculiaridades.

Síntese

A pesquisa científica abrange certo conjunto de procedimentos com o objetivo de buscar respostas para questões específicas, elaboradas com o intuito de desenvolver conhecimentos relacionados a determinado tema.

As pesquisas científicas podem ser classificadas de acordo com a finalidade, a natureza, a forma de abordagem, os objetivos, os procedimentos técnicos e o desenvolvimento no tempo. Quanto à finalidade, podem ser classificadas como básicas (também conhecida como *fundamental*) ou aplicadas (também chamada *tecnológica*). Quanto à natureza, podem ser classificadas como observacionais ou experimentais. Quanto à forma de abordagem, as pesquisas podem ser classificadas como qualitativas ou quantitativas. Estas últimas se subdividem em descritivas e analíticas. A respeito dos objetivos, podem ser classificadas com exploratórias ou explicativas. No que toca aos procedimentos técnicos, podem ser classificadas como bibliográficas, documentais, de laboratório ou de campo. Com relação ao desenvolvimento no tempo, as pesquisas podem ser classificadas como transversais, longitudinais, prospectivas e retrospectivas.

Uma pesquisa científica é constituída de três eixos: ruptura, construção e constatação.

As sete etapas de uma pesquisa são a formulação da questão inicial e a exploração da questão inicial (etapas do eixo ruptura); a elaboração da problemática e a construção de um modelo de análise (etapas do eixo construção); a coleta de dados, a análise das informações e as conclusões (etapas do eixo constatação).

Capítulo 5

Métodos científicos

Conteúdos do capítulo:

□ Métodos científicos.
□ Método indutivo e dedutivo.
□ Método hipotético-dedutivo.
□ Método dialético.
□ Método fenomenológico.

Após o estudo deste capítulo, você será capaz de:

1. conceituar método científico e descrever suas etapas;
2. diferenciar os tipos de métodos científicos e indicar em que áreas são mais empregados;
3. caracterizar cada método, apontando leis e fundamentos que os regem.

De acordo com Gil (2008, p. 8), o método científico é o "conjunto de procedimentos intelectuais e técnicos adotados para se atingir o conhecimento". O método científico se desenvolve em etapas: observação, elaboração da questão, levantamento de hipóteses, prática de experimentos, alcance de resultados. Na execução dessas etapas, o pesquisador elabora uma teoria, uma lei ou um princípio que tem por finalidade expandir o conhecimento sobre determinado fenômeno e possibilitar que tal conhecimento seja aplicado em outras situações.

Os métodos científicos existentes são: indutivo, dedutivo, hipotético-dedutivo, dialético e fenomenológico. Ainda existem alguns específicos das ciências sociais, são eles: histórico, comparativo, monográfico, estatístico, tipológico, funcionalista e estruturalista, mas estes não serão abordados nesta obra. Cada método está vinculado a uma corrente filosófica, a qual apresenta diferentes explicações de como o conhecimento da realidade é processado.

Exemplificando

O método indutivo se baseia no **empirismo**, corrente filosófica que preconiza que é apenas pela experiência humana que se podem formar os conceitos que explicam o mundo. O método dedutivo se pauta pelo **racionalismo**, vertente que acredita que é pela razão humana que se obtêm os conhecimentos. O hipotético-dedutivo remete ao **neopositivismo**, movimento filosófico que trata do progresso científico e da pesquisa de uma linguagem lógica e axiomatizada. O método dialético se baseia no **materialismo**, corrente que se utiliza do conceito de dialética para explicar a dinâmica social ao longo da história. O método fenomenológico tem como base a **fenomenologia**, que atribui ao pensamento a faculdade de fixar apenas o que essencial em cada fenômeno observado.

A pesquisa científica conduzida pela metodologia da **indução** é aquela que parte de dados observacionais e propõe generalizações; a pesquisa orientada pelo método de **dedução** parte de construções teóricas prévias para, por fim, verificar casos particulares. No método dedutivo, premissas verdadeiras levam inevitavelmente a uma conclusão verdadeira, ao passo que, no método indutivo, as conclusões permanecem no campo da probabilidade.

5.1 Conceito

No desenvolvimento de uma pesquisa, o conhecimento dos métodos científicos permite que o pesquisador extrapole o senso comum e paute seu trabalho pelo conhecimento científico. O uso desses métodos possibilita a obtenção de resultados científicos válidos e bem-fundamentados.

Para Oliveira (2011, p. 8):

> Para que seja considerado conhecimento científico, é necessária a identificação dos passos para a sua verificação, ou seja, determinar o método que possibilitou chegar ao conhecimento.

[...] já houve época em que muitos entendiam que o método poderia ser generalizado para todos os trabalhos científicos. Os cientistas atuais, no entanto, consideram que existe uma diversidade de métodos, que são determinados pelo tipo de objeto a pesquisar e pelas proposições a descobrir.

De acordo com Bunge (1980), o método científico é a teoria da investigação; e a investigação atinge seus objetivos, de forma científica, pela realização de algumas etapas, entre as quais o autor aponta:

- o descobrimento do problema;
- a colocação precisa desse problema;
- a procura de conhecimentos ou instrumentos relevantes ao problema;
- a tentativa de solução do problema com auxílio dos meios identificados;
- a criação de novas ideias ou a produção de novos dados empíricos;
- a aquisição de uma solução do problema;
- a averiguação das consequências da solução obtida;
- a comprovação da solução obtida;
- a correção das hipóteses, das teorias, dos procedimentos ou dos dados que resultaram em soluções equivocadas.

Essas etapas podem ser conduzidas de acordo com o esquema apresentado pela Figura 5.1.

Figura 5.1 – Esquematização das etapas de uma investigação científica

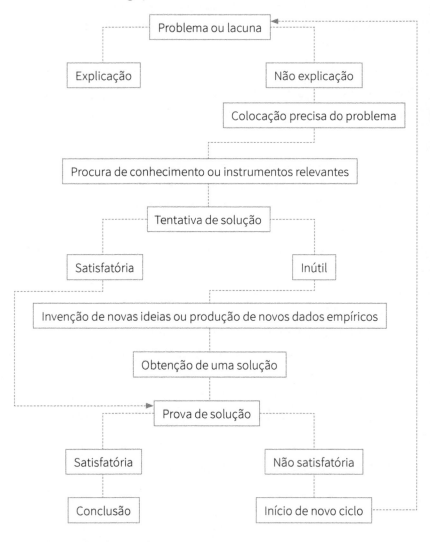

Fonte: Marconi; Lakatos, 2003, p. 85.

De acordo com Marconi e Lakatos (2003), os métodos científicos não são utilizados exclusivamente na ciência; contudo, não é possível fazer ciência sem o uso de métodos científicos.

5.2 Método indutivo

Segundo Marconi e Lakatos (2003, p. 86), o método indutivo consiste em:

> um processo mental por intermédio do qual, partindo de dados particulares, suficientemente constatados, infere-se uma verdade geral ou universal, não contida nas partes examinadas. portanto, o objetivo dos argumentos indutivos é levar a conclusões cujo conteúdo é muito mais amplo do que o das premissas nas quais se basearam.

Figura 5.2 – Método indutivo

Dados particulares

(suficientemente constatados)

 (Inferência)

Verdade geral ou universal

O exercício do pensamento nesse método é ensejado por observações particulares consideradas verdadeiras (premissas) para se chegar a conclusões que podem ou não ser verdadeiras. Isso significa que a verdade não está implícita na conclusão.

Marconi e Lakatos (2003, p. 86) citam o seguinte exemplo de análise pelo método indutivo: cobre, zinco e cobalto conduzem energia; cobre, zinco e cobalto são metais; logo, todos os metais conduzem energia.

Segundo Köche (2011, p. 62-63, grifo do original):

> O indutivista parte da observação, registro, análise e classificação dos fatos particulares para chegar à confirmação e à generalização universais. A indução usa o princípio do *empirismo* de que o conhecer significa ler a realidade através dos sentidos. Ou melhor: conhecer é interpretar a natureza, com a mente liberta de preconceitos. O empirista usa a observação sistemática para orientar o intelecto em suas análises. Dessa forma, a ciência vista pelo empirista seria a imagem da realidade.
> [...]
> A indução toma como pressuposto a validade do empirismo, pois acredita no valor da observação e na fidedignidade do testemunho dos sentidos, quando rigorosa e ordenada. Essa crença postula que a ciência deve utilizá-la de forma metódica para produzir a descrição e a classificação dos fatos. A explicação científica, suas teorias ou leis, seriam decorrentes dos julgamentos fundamentados nessa classificação.

Tanto o método indutivo quanto o dedutivo se erigem sobre premissas, porém nos métodos dedutivos, como demonstraremos a seguir, premissas verdadeiras levam inevitavelmente a uma conclusão verdadeira, mas, nos indutivos, acarretam conclusões apenas prováveis.

Segundo Gil (2008, p. 10), o "método indutivo procede inversamente ao dedutivo: parte do particular e coloca a generalização como um produto posterior do trabalho de coleta de dados particulares".

Segundo Diniz e Silva (2008), a indução resulta dos seguintes procedimentos:

- observação dos fenômenos,
- descoberta da relação entre esses fenômenos,
- construção de hipóteses baseadas nas relações observadas;
- verificação das hipóteses;
- construção de generalizações com base nos resultados que possam ser utilizadas em estudos de objetos semelhantes;
- confirmação das hipóteses e estabelecimento de leis gerais sobre os fenômenos estudados.

O modelo que ficou conhecido como **método científico indutivo-confirmável** foi tomado como padrão e divulgado entre os diferentes campos das ciências naturais, seguindo o formato indicado na Figura 5.3.

Figura 5.3 – Método científico indutivo-confirmável

Observação dos elementos que compõem o fenômeno

Análise da relação quantitativa existente entre os elementos que compõem o fenômeno

Indução de hipóteses quantitativas

Teste experimental das hipóteses para a verificação confirmabilista

Generalização dos resultados em lei

Fonte: Köche, 2011, p. 56.

Conforme Köche (2011), seguindo o modelo da Figura 5.3, o sujeito do conhecimento estaria livre de preconceitos para receber as impressões sensoriais a que tivesse acesso. As hipóteses decorreriam da observação das relações quantitativas entre os fatos, e o conhecimento científico se consolidaria pela certeza verificada por meio da experiência.

Para Marconi e Lakatos (2003), a indução pode ter duas formas: (1) a completa (ou formal) não decorre da indução de somente alguns casos, mas de todos – sendo um processo que não gera novos conhecimentos, não contribui para o avanço da ciência; (2) a incompleta (ou científica) permite que o pesquisador generalize um postulado elaborado com base em uma observação feita adequadamente.

Para deixar mais clara a diferença, as autoras exemplificam a indução completa ou informal citando os dias da semana: "Segunda, terça, quarta, quinta, sexta, sábado e domingo têm 24 horas. Ora, segunda, terça, quarta, quinta, sexta, sábado e domingo são dias da semana. Logo, todos os dias da semana têm 24 horas" (Marconi; Lakatos, 2003, p. 89).

Como exemplo de indução incompleta ou científica, as autoras citam os planetas: "Mercúrio, Vênus, Terra, Marte, Júpiter, Saturno, Urano, Netuno e Plutão não têm brilho próprio. Ora, Mercúrio, Vênus, Terra, Marte, Júpiter, Saturno, Urano, Netuno e Plutão são planetas. Logo, todos os planetas não têm brilho próprio" (Marconi; Lakatos, 2003, p. 89).

5.3 Método dedutivo

O método dedutivo consiste em um processo de análise que leva a uma conclusão e, dessa maneira, utiliza-se da dedução para encontrar o resultado final. Com esse método, o pesquisador se utiliza de premissas verdadeiras para obter conclusões. Para Gil (2008, p. 9), o método dedutivo "Parte de princípios reconhecidos como verdadeiros e indiscutíveis e possibilita chegar a conclusões de maneira puramente formal, isto é, em virtude unicamente de sua lógica".

Segundo Diniz e Silva (2008), o método dedutivo fundamenta-se em teorias e leis consideradas gerais e universais que buscam explicar a ocorrência de fenômenos particulares (premissas). A dedução com base nessas leis universais permite o estabelecimento das conclusões. Exemplo: "Todas as vezes que tomo café, fico com dor de cabeça; hoje tomei café, então vou ficar com dor de cabeça". Como se pode perceber por esse exemplo, a conclusão é estabelecida com base nas premissas.

Embora seja mais empregado nas ciências exatas, como a física e a matemática, visto que os princípios dessas ciências podem ser enunciados como leis, o método dedutivo se aplica em diversas áreas e está relacionado com as distintas formas de raciocinar. Desse modo, o método é aplicado na filosofia, nas leis científicas e na educação. Entretanto, a aplicação desse método nas ciências sociais é mais restrito, tendo em vista a dificuldade de se identificar verdades admitidas como incontestáveis.

Marconi e Lakatos (2003, p. 92) comparam os dois métodos conforme apresentado no Quadro 5.1.

Quadro 5.1 – Características dos métodos indutivo e dedutivos

Dedutivo	Indutivo
I. Se todas as premissas são verdadeiras, a conclusão *deve* ser verdadeira.	I. Se todas as premissas são verdadeiras, a conclusão é provavelmente verdadeira, mas não necessariamente verdadeira.
II. Toda a informação ou conteúdo fatual da conclusão já estava, pelo menos implicitamente, nas premissas.	II. A conclusão encerra uma informação que não estava, nem implicitamente, nas premissas.

Fonte: Marconi; Lakatos, 2003, p. 92.

A procura pela verdade pode ser empreendida lançando-se mão tanto da indução quanto da dedução. Na indução, há probabilidades; na dedução, há uma verdade absoluta. O pensamento dedutivo permite que o pesquisador confirme a veracidade de suas hipóteses, porém não possibilita que a ciência avance; o indutivo dá vias a novas verdades, proposições de verdades, novas leis, novos caminhos e princípios úteis ao bem-estar de toda a sociedade (Michel, 2015).

Exercício resolvido

1. Os métodos indutivo e dedutivo guardam várias semelhanças, principalmente por serem pautados em premissas reais com o objetivo de se obter conclusões ponderadas. Tanto o método indutivo quanto o dedutivo se prestam a encontrar a verdade. Sobre esses dois métodos, considere as afirmativas a seguir.

I. No método indutivo, as hipóteses são testadas com a execução de um conjunto de etapas e experimentos, considerando-se casos particulares para se chegar a uma conclusão generalizada.
II. O método indutivo parte de uma lei universal, considerada válida para determinado conjunto, aplicando-a aos casos particulares desse conjunto.
III. O método dedutivo é aquele que apresenta elementos específicos, para desses elementos extrair uma conclusão geral e verdadeira.

Assinale a alternativa que lista todas as afirmativas corretas:

a) I, II e III.
b) I e II.
c) II e III.
d) I e III.

Gabarito: d

***Feedback* do exercício**: A afirmativa II está incorreta, pois não descreve o método indutivo, mas o dedutivo, o qual parte de uma conclusão geral aplicável a premissas particulares. O conceito do método indutivo está corretamente exposto na afirmativa I. Com relação a afirmativa III, no método dedutivo, se as premissas são verdadeiras, a conclusão é necessariamente verdadeira.

5.4 Método hipotético-dedutivo

No método hipotético-dedutivo, a teoria ou as hipóteses são desenvolvidas com base em um pensamento dedutivo, são testadas e, se necessário, substituídas.

Figura 5.4 – Método hipotético-dedutivo

Fonte: Torres, 2018.

Segundo Lima (1980, p. 55), "O pensamento hipotético-dedutivo trabalha sempre no sentido de inventar teorias para explicar a realidade (a teoria pode ser, no começo, um simples diagrama ou desenho)".

O método hipotético-dedutivo inicia-se com a delimitação de um problema, seguida da formulação de hipóteses e da inferência dedutiva, a qual testa a ocorrência preditiva de fenômenos contemplados pelas hipóteses sugeridas.

A delimitação do problema consiste em descrevê-lo de forma clara e precisa, facilitando a obtenção de um modelo simplificado e da identificação de outros conhecimentos que são relevantes ao problema e ajudarão o pesquisador no desenvolvimento de seu trabalho científico.

Esse método derivou da crítica ao método indutivo, estabelecido por Karl Popper (1902-1994), em seu livro intitulado *A lógica da investigação científica*, publicado originalmente em 1935. Popper, não considera válido o método da indução, pois partir do particular em direção à generalização demandaria que a observação de fatos isolados se estendesse infinitamente, o que não é possível. Gil (2008) exemplifica essa impossibilidade comentando que, para afirmar que todos os cisnes são brancos, seria necessário observar todos os cisnes, do passado e do futuro; por maior que seja esse conjunto (todos os cisnes), trata-se de um número finito, e o postulado final se pretende infinito.

Para Popper (1975), o método hipotético-dedutivo aplicado a uma pesquisa científica apresenta três momentos: (1) problema, (2) conjecturas e (3) falseamento. O problema emana de questionamentos sobre teorias e conhecimentos consolidados.

A solução se encaminha por meio de uma conjectura e da proposição de possíveis consequências que devem ser testadas. O teste de falseamento se refere à tentativa de refutar as teorias propostas, de modo a provar que a teoria é científica pelo fato de ela poder ser falsa.

Perguntas & respostas

Para que serve o teste da falseabilidade?

O objetivo desse teste é verificar a consistência de uma teoria. Para isso, o pesquisador deve buscar elementos que tornem uma teoria falsa. Quanto mais ela resistir aos elementos que a coloquem à prova, mais ela pode ser considerada consistente.

De forma resumida, a metodologia de Popper consiste em encontrar "falhas" em teorias estabelecidas e demonstrar mediante hipóteses que estas são falsas. Essas hipóteses são testadas até que a teoria seja refutada ou confirmada. Se for refutada, ela deve ser reelaborada, e após essa reelaboração, deve ser submetida a um novo teste de falseabilidade, e assim sucessivamente, até que não seja mais possível refutá-la.

Na Figura 5.5, está esquematizado o método hipotético-dedutivo de Karl Popper descrito pelas etapas listadas acima.

Figura 5.5 – Esquema do método hipotético-dedutivo

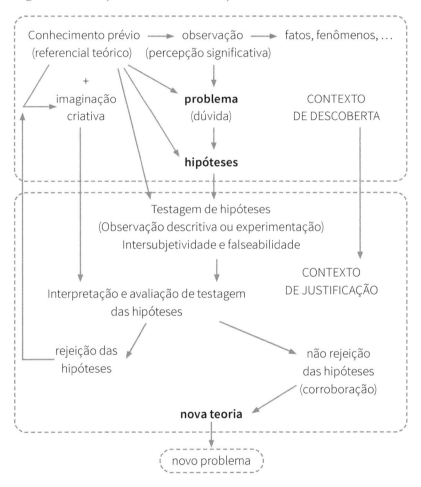

Fonte: Köche, 2011, p. 70.

Karl Popper (1975, p. 305) afirma que "a ciência não é um sistema de enunciados certos ou bem estabelecidos, [...] ela jamais pode proclamar haver atingido a verdade ou um substituto da verdade, como a probabilidade".
Para Köche (2011, p. 76):

> A consequência prática em termos de investigação científica é que o pesquisador jamais estará preocupado em buscar apenas casos positivos para confirmar sua hipótese, mas deverá submetê-la a testes rigorosos com o intuito de encontrar algum caso que a falseie. Se após passar pelos mais variados testes, nas mais variadas circunstâncias, a hipótese ainda se mantiver inalterada, então poderá se dizer que ela está corroborada. Se, porém, os falseadores potenciais forem confirmados, isto é, se a hipótese for rejeitada por alguma evidência empírica, o pesquisador deverá retornar ao ponto inicial da pesquisa reavaliando todo o seu trabalho, podendo reformular suas hipóteses aumentando-lhes seu conteúdo ou criar outras e submetê-las a uma nova testagem.

Para saber mais

No vídeo indicado a seguir, Mateus Salvadori aborda o pensamento do filósofo Karl Popper concentrando-se em três aspectos: (1) o falsificacionismo, (2) o método hipotético--dedutivo, criado por Popper, e (3) o problema da demarcação.

SALVADORI, M. **Falsificacionismo em Popper**. 2018. Disponível em: <https://www.youtube.com/watch?v=nUcLZDA1SbM>. Acesso em: 14 mar. 2022.

Para Bunge (1974, citado por Marconi, Lakatos, 2003, p. 99-100), o método hipotético-dedutivo apresenta as seguintes etapas:
a. **Colocação do problema**:
   - **reconhecimento dos fatos** – exame, classificação preliminar e seleção dos fatos que, com maior probabilidade, são relevantes no que respeita a algum aspecto;
   - **descoberta do problema** – encontro de lacunas ou incoerências no saber existente;
   - **formulação do problema** – colocação de uma questão que tenha alguma probabilidade de ser correta; em outras palavras, redução do problema a um núcleo significativo, com possibilidade de ser solucionado e de apresentar-se frutífero, com o auxílio do conhecimento disponível.
b. **Construção de um modelo teórico**:
   - **seleção dos fatores pertinentes** – invenção de suposições plausíveis que se relacionem a variáveis supostamente pertinentes;
   - **invenção das hipóteses centrais e das suposições auxiliares** – proposta de um conjunto de suposições que sejam concernentes a supostos nexos entre as variáveis (por exemplo, enunciado de leis que se espera possam amoldar-se aos fatos ou fenômenos observados).
c. **Dedução de consequências particulares**:
   - **procura de suportes racionais** – dedução de consequências particulares que, no mesmo campo, ou campos contíguos, possam ter sido verificadas;
   - **procura de suportes empíricos** – tendo em vista as verificações disponíveis ou concebíveis, elaboração de predições ou retrodições, tendo por base o modelo teórico e dados empíricos.

d. **Teste das hipóteses**:
   - **esboço da prova** – planejamento dos meios para pôr à prova as predições e retrodições; determinação tanto das observações, medições, experimentos quanto das demais operações instrumentais;
   - **execução da prova** – realização das operações planejadas e nova coleta de dados;
   - **elaboração dos dados** – procedimentos de classificação, análise, redução e outros, referentes aos dados empíricos coletados;
   - **inferência da conclusão** – à luz do modelo teórico, interpretação dos dados já elaborados.
e. **Adição ou introdução das conclusões na teoria**:
   - **comparação das conclusões com as predições e retrodições** – contraste dos resultados da prova com as consequências deduzidas do modelo teórico, precisando o grau em que este pode, agora, ser considerado confirmado ou não (inferência provável);
   - **reajuste do modelo** – caso necessário, eventual correção ou reajuste do modelo;
   - **sugestões para trabalhos posteriores** – caso o modelo não tenha sido confirmado, procura dos erros ou na teoria ou nos procedimentos empíricos; caso contrário – confirmação –, exame de possíveis extensões ou desdobramentos, inclusive em outras áreas do saber.

Assim como os métodos indutivo e dedutivo, o hipotético-dedutivo tem algumas desvantagens. Ele se utiliza de um tipo de raciocínio que apresenta traços das teorias científicas, mas não é capaz de explicar o processo científico sozinho, pois, assim como os demais métodos, apresenta saltos, ou seja, sucessivas rupturas (Martins; Theóphilo, 2016).

De acordo com Gil (2008, p. 13), o método hipotético-dedutivo recebe maior aceitação no campo das ciências naturais. Segundo esse autor, para parte dos cientistas neopositivistas, esse o único método rigorosamente lógico. Entretanto, para as ciências sociais, esse método se revela inapropriado, dada a dificuldade de se estabelecer conclusões com base nas hipóteses.

Exercício resolvido

1. No método hipotético-dedutivo, o cientista levanta uma hipótese explicando determinado fenômeno e, em seguida, testa essa hipótese por meio da observação e da experimentação; se ela for verificada, então se torna uma teoria. Considerando essas informações e o que foi abordado sobre esse método, assinale a alternativa **incorreta**.
    a) Para que uma ideia seja elevada ao patamar de teoria, é preciso passar por um rigoroso exame de comprovação; no entanto, isso não significa que ela não possa vir a ser refutada.
    b) Toda hipótese, após ter sido elaborada, precisa ser deduzida e passar por testes e experimentos até que seja validada.
    c) Quando um cientista faz uma afirmação prévia, pode-se dizer que ele elaborou uma teoria, independentemente de ela ser verificada, uma vez que se tratam de conceitos equivalentes.
    d) O que diferencia uma hipótese científica de um mero palpite é o fato de que a primeira é resultado de estudos rigorosos, mas que ainda não foram comprovados cientificamente.

Gabarito: c
***Feedback* do exercício**: A afirmativa "c" está incorreta porque uma afirmação prévia é uma hipótese, não uma teoria. Ao passar pelos mais variados testes, se a hipótese ainda se mantiver inalterada, então poderá se dizer que ela está corroborada e, a partir daí, torna-se uma teoria.

5.5 Método dialético

O conceito de dialética surgiu na Antiguidade, sendo utilizado por Platão no sentido de arte do diálogo, passando a ser empregado na Idade Média como sinônimo de lógica.

Segundo Bottomore (1988, p. 101-102), Hegel entendia a dialética como "a compreensão dos contrários em sua unidade ou do positivo no negativo". A dialética hegeliana permite aflorar o que está apenas implícito em uma ideia e, ao mesmo tempo, preenche lacunas que porventura existam em tal ideia.

Para Karl Marx e Friedrich Engels, o método dialético deve conservar, em sua análise, um posicionamento materialista, buscando evidenciar, de maneira empírica, a unidade entre pressupostos contraditórios, excluindo todo e qualquer conteúdo metafísico (Engels, 1977). A pergunta proposta pelo materialismo dialético é: Se o pensamento determina a realidade, o que determina o pensamento? A resposta é: a própria realidade.

Em sua obra *Ideologia alemã*, os autores explicam da seguinte maneira:

> O modo pelo qual os homens produzem seus meios de vida depende, antes de tudo, da natureza dos meios de vida já encontrados e que têm que reproduzir [...] Tal como os indivíduos manifestam sua vida, assim são eles. O que eles são coincide, portanto, com sua produção, tanto com o que produzem, como o modo como produzem. (Marx; Engels, 1977, p. 36-37)

Na concepção moderna, a dialética conduz à compreensão de que a realidade está em constante transformação e é contraditória em sua essência.

O método dialético parte do pressuposto de que tudo na natureza está interconectado, mesmo havendo contradições entre os fenômenos. O pesquisador precisa conhecer as relações atreladas ao fenômeno que deseja investigar, considerando que ele se desenvolve em um processo de constante mutação.

O método dialético é bastante utilizado nas ciências sociais e abrange o uso da discussão, da argumentação e da provocação (Michel, 2015).

5.5.1 Leis do método dialético

Existe uma discordância a respeito da quantidade de leis que fundamentam o método dialético, variando entre três e quatro. De acordo com Engels, em sua obra *A dialética da natureza* (1977), as leis fundamentais do materialismo dialético são as seguintes:

1. **Transformação da quantidade em qualidade**: a quantidade se transforma em qualidade, dando origem a mudanças revolucionárias;

2. **Unidade e interpenetração dos contrários**: há uma unidade que abrange até mesmo os contrários. Os contrários se interpenetram mutuamente;
3. **Negação da negação**: negação de um termo que, por sua vez, é negado por outro e assim sucessivamente de modo que, a cada negação, se conserva algo do termo negado (esse processo pode ser representado no esquema tese, antítese e síntese).

Outros autores apresentam as leis da dialética em ordem e em termos diferentes. Marconi e Lakatos (2003), por exemplo, enumeram as quatro leis fundamentais e as definem da seguinte maneira:

1. **Ação recíproca** (unidade polar): ao se analisar qualquer objeto, deve-se considerar que tudo está em transformação, nada é fixo; quando um processo termina, outro se inicia. Além disso, nada existe de forma isolada, independente, ao contrário, tudo se relaciona e se influencia de modo recíproco.
2. **Mudança dialética** (negação da negação): as transformações são impulsionadas pelas contradições; e a negação que gera movimento (desenvolvimento) e a negação da negação dá continuidade a esse processo.
3. **Passagem da quantidade à qualidade** (mudança qualitativa): refere-se à inter-relação existente entre quantidade e qualidade. Nesse caso, um salto quantitativo que desencadearia uma mudança qualitativa, ou seja, uma mudança quantitativa que implica uma mudança qualitativa.

4. **Interpenetração dos contrários** (contradição): elementos com cargas contrárias não podem existir uns sem os outros, pois há uma conexão entre eles. Essa contradição gera transformações.

A contradição, como princípio do desenvolvimento, tem as seguintes características:

a. **a contradição é interna** – toda realidade é movimento e não há movimento que não seja consequência de uma luta de contrários, de sua contradição interna, isto é, essência do movimento considerado e não exterior a ele. *Exemplo*: a planta surge da semente e o seu aparecimento implica o desaparecimento da semente. Isto acontece com toda a realidade: se ela muda, é por ser, *em essência*, algo diferente dela. As contradições internas é que geram o movimento e o desenvolvimento das coisas;

b. **a contradição é inovadora** – não basta constatar o caráter interno da contradição. É necessário, ainda, frisar que essa contradição é a *luta entre o velho e o novo*, entre o que morre e o que nasce, entre o que perece e o que se desenvolve. *Exemplo*: é na criança e *contra* ela que cresce o adolescente; é no adolescente e *contra* ele que amadurece o adulto. Não há vitória sem luta. [...];

c. **unidade dos contrários** – a contradição encerra dois termos que se opõem: para isso, é preciso que seja uma *unidade*, a unidade dos contrários. *Exemplos*: existe, em um dia, um período de luz e um período de escuridão. Pode ser um dia de 12 horas e uma noite de 12 horas. Portanto, dia e noite são dois opostos que se excluem entre si, o que não impede que sejam iguais e constituam as duas partes de um mesmo dia de 24 horas. [...]. (Marconi; Lakatos, 2003, p. 105, grifos do original)

5.6 Método fenomenológico

A fenomenologia foi concebida por Edmund Husserl (1859-1938) como uma forma de exercer o pensamento crítico. Consiste em analisar um fenômeno como ele é, desconsiderando suas relações com outros fenômenos ou outros objetos, ou seja, abstraindo-o da realidade em que ele se insere.

De acordo com Gil (2019), o método fenomenológico pretende estabelecer uma base para todas as ciências, ultrapassando a visão positivista que permeia o método empírico. A regra fundamental do método fenomenológico preconiza que o cientista deve avançar em direção ao que as coisas efetivamente são.

No processo fenomenológico, analisa-se a essência dos fatos e não sua aparência; portanto, a abordagem da percepção fenomenológica é muito mais importante, pois, conforme Merleau-Ponty (1999, p. 64), "a percepção que os outros têm do mundo nos deixa sempre a impressão de uma palpação cega, de forma que a percepção do mundo pelos outros não pode entrar em competição com a de quem está de fora do contexto".

Cada indivíduo interpreta o espaço segundo sua realidade, e o o espaço vivenciado por esse sujeito é refletido em suas percepções. Por isso, é necessário compreender as ações individuais, já que cada um tem uma percepção particular, sendo reconhecido que não existe percepção errada, pois percepções distintas decorrem de diferentes vivências.

Exercício resolvido

1. Sobre os conceitos, as leis e as características dos métodos dialético e fenomenológico, analise as afirmativas a seguir.

    I. A lei da unidade e interpenetração dos contrários consta somente na proposta dos autores que consideram apenas três as leis fundamentais do método dialético.
    II. A fenomenologia pode ser entendida como aquilo que se mostra pelos sentidos. Ou seja, na fenomenologia se estuda a essência das coisas e como elas são percebidas no mundo.
    III. O método dialético se insere no mundo dos fenômenos por meio de sua ação recíproca, da contradição e da transformação.

    Assinale a alternativa que lista todas as afirmativas verdadeiras:

    a) I e II.
    b) I e III.
    c) II e III.
    d) I, II e III.

Gabarito: c
***Feedback* do exercício:** A afirmativa I está incorreta, pois a lei que abrange a unidade de contradição se faz presente em todas as classificações, independentemente do autor; afinal, essa lei é indispensável para o método fenomenológico.

Seja qual for o método científico empregado, uma teoria só pode ser considerada fiável se ela puder ser repetida indefinidamente, sem poder ser refutada.

Síntese

O método científico é uma sequência de etapas que visam à construção de conhecimento. Os métodos científicos são: indutivo, dedutivo, hipotético-dedutivo, dialético; e fenomenológico. Existem, ainda, alguns tipos específicos das ciências sociais, são eles: histórico, comparativo, monográfico, estatístico, tipológico, funcionalista e estruturalista.

O método indutivo parte de observações particulares (premissas), que devem ser inicialmente consideradas verdadeiras, e visa a conclusões que podem ou não ser verdadeiras. Nesse método, a verdade não está implícita na conclusão.

O método dedutivo é baseado em teorias e leis consideradas gerais e universais para explicar os fenômenos particulares (as premissas). Esse método é mais empregado nas ciências exatas, como a física e a matemática, visto que os princípios dessas ciências podem ser enunciados como leis.

A pesquisa científica pode ser conduzida: pelo método da indução, ou seja, a elaboração de generalizações teóricas com base em dados observacionais; ou pela dedução, mediante o teste empírico de hipóteses pautado em construções teóricas prévias.

O método hipotético-dedutivo inicia-se com a elaboração de um problema de cunho científico; em seguida, o pesquisador formula hipóteses e estabelece inferências dedutivas, as quais têm o objetivo de testar a ocorrência preditiva de fenômenos contemplados pelas hipóteses sugeridas.

O método dialético parte do pressuposto de que na natureza tudo se relaciona e se transforma, e sempre haverá uma contradição inerente a cada fenômeno. Tem como características, o uso da discussão, da argumentação e da provocação.

O método fenomenológico consiste em analisar um fenômeno como ele é, desconsiderando suas relações com outros fenômenos ou outros objetos, ou seja, abstraindo-o da realidade em que está inserido.

Capítulo 6

Metodologia científica

Conteúdos do capítulo:

- Metodologia científica.
- Estrutura do trabalho científico.
- Parte externa: capa e lombada.
- Elementos pré-textuais.
- Elementos textuais.
- Elementos pós-textuais.
- Artigo científico.

Após o estudo deste capítulo, você será capaz de:

1. diferenciar os principais tipos de trabalho científico: trabalho de conclusão de curso (TCC), dissertação, tese e artigo científico;
2. listar os elementos constitutivos de um trabalho científico;
3. escrever trabalhos científicos com base nas normas da Associação Brasileira de Normas Técnicas (ABNT);
4. aplicar técnicas que facilitam a escrita de um artigo científico.

Para que um pesquisador domine a metodologia científica, ele precisa se familiarizar com os métodos e procedimentos que devem ser utilizados para a construção de um trabalho científico. São exemplos de trabalhos científicos o trabalho de conclusão de curso (TCC), a monografia, a dissertação e a tese.

Para a construção intelectual, é necessária a utilização de conhecimentos de caráter conceitual, técnico e lógico, que, quando utilizados em conjunto, possibilitam o entendimento de determinado objeto ou fenômeno. A metodologia científica é um instrumento de grande utilidade e essencial para a evolução do conhecimento.

Um trabalho de caráter acadêmico deve obedecer a normas que atendam às características específicas da área do saber e da instituição à qual será apresentado, além de estarem alinhadas aos padrões elaborados pela Associação Brasileira de Normas Técnicas (ABNT).

A publicação de artigos científicos, notas científicas, artigos de opinião, entre outros gêneros, contribui para o desenvolvimento científico e tecnológico do ensino da química, para a formação e atuação docente, contemplando a educação básica e o ensino superior.

6.1 Definição

Metodologia científica é um conjunto de questionamentos, procedimentos e métodos utilizados pela ciência para elaborar e solucionar problemas do conhecimento, de maneira organizada (Rodrigues, 2007).

O processo metodológico, como explicitamos nos Capítulos 4 e 5, percorre as seguintes fases: delimitação do problema, formulação das hipóteses, coleta de dados, análises desses dados, conclusões e generalizações e escrita (redação).

Figura 6.1 – Fases do processo metodológico

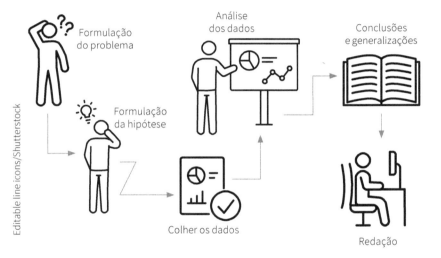

Fonte: Rodrigues, 2007, p. 10.

Executar as fases precedentes com rigor facilitará o trabalho da redação. Neste tópico, abordaremos os itens necessários para se compor um trabalho científico. A forma de apresentação dos trabalhos científicos deve seguir normas especificamente definidas para cada tipo de publicação (monografia, artigo científico ou outro) e também as estipuladas pela instituição acadêmica que receberá o escrito (universidade, revista científica, evento ou outra). Além disso, os trabalhos devem ser originais e contribuir para a ampliação do conhecimento relativo ao objeto do estudo (Rossi, 2013).

Todos os trabalhos científicos devem ser organizados e estruturados com base nas normas padronizadas pela ABNT, instituição que determina todos os itens que devem constar em tais materiais. Na seção a seguir, abordaremos toda a parte estrutural de um trabalho científico.

6.2 Estrutura do trabalho científico

Considera-se trabalho científico diferentes documentos entre os quais figuram trabalhos de conclusão de curso (TCCs), monografias, dissertações, teses, artigos científicos, resumos, livros, capítulos de livros, projetos e muitos outros. Neste capítulo, daremos ênfase ao artigo científico.

Conforme mencionamos, a norma que orienta a elaboração desses documentos no Brasil é a estabelecida pela ABNT. A norma NBR 14724 (ABNT, 2011, p. 4) define trabalho de conclusão de curso ou monografia, dissertação e tese como "documento que apresenta o resultado de estudo, devendo expressar conhecimento do assunto escolhido, que deve ser obrigatoriamente emanado da disciplina, módulo, estudo independente, curso, programa, e outros ministrados. Deve ser feito sob a coordenação de um orientador".

O TCC é um trabalho científico elaborado ao final de um curso superior de graduação ou ao final de um curso de especialização (pós-graduação *lato sensu*).

A NBR 14724 (ABNT, 2011, p. 2) define dissertação da seguinte maneira:

> documento que apresenta o resultado de um trabalho experimental ou exposição de um estudo científico retrospectivo, de tema único e bem delimitado em sua extensão, com o objetivo de reunir, analisar e interpretar informações. Deve evidenciar o conhecimento de literatura existente sobre o assunto e a capacidade de sistematização do candidato. É feito sob a coordenação de um orientador (doutor), visando à obtenção do título de mestre.

A dissertação e a tese são trabalhos científicos elaborados ao final dos cursos de mestrado e doutorado, respectivamente, sujeitos ao reconhecimento e à autorização do Ministério da Educação (MEC).

O conceito de tese também está na NBR 14724:

> documento que apresenta o resultado de um trabalho experimental ou exposição de um estudo científico de tema único e bem delimitado. Deve ser elaborado com base em investigação original, constituindo-se em real contribuição para a especialidade em questão. É feito sob a coordenação de um orientador (doutor) e visa a obtenção do título de doutor, ou similar. (ABNT, 2011, p. 4)

Os trabalhos de caráter científico apresentam alguns elementos que são obrigatórios para sua elaboração. De acordo com a NBR 14724, esses elementos se dividem em parte externa (capa e lombada) e parte interna (elementos pré-textuais, textuais e pós-textuais), como mostra a Figura 6.2. Essa norma orienta como devem ser os títulos, os elementos pré-textuais, o texto e sua formatação, e os elementos pós-textuais.

Figura 6.2 – Estrutura do trabalho científico

Fonte: ABNT, 2011, p. 5.

A parte externa de um trabalho científico compreende a capa e a lombada (Figura 6.3):

Figura 6.3 – Modelo de capa e de lombada de um trabalho científico

AUTOR	UNIVERSIDADE FEDERAL DO PARANÁ
	SETOR DE CIÊNCIAS BIOLÓGICAS
TÍTULO	NOME DO AUTOR
	TÍTULO DO TRABALHO: subtítulo
UFPR TCC Ano	
	CURITIBA
	ANO

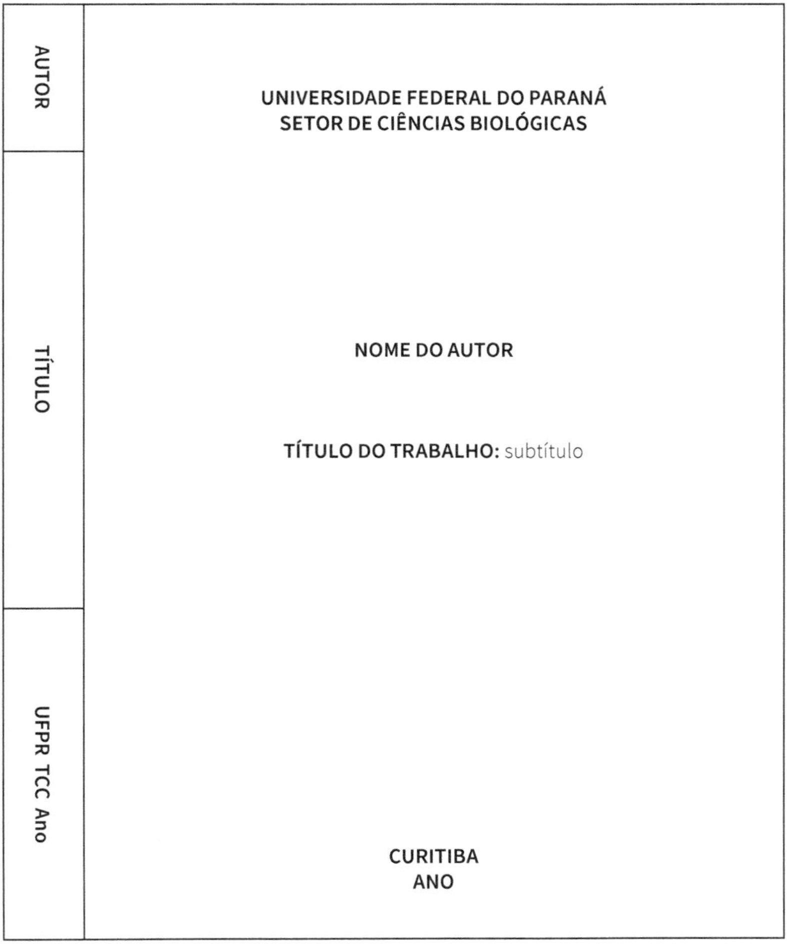

A capa deve apresentar os seguintes elementos na ordem em que estão listados (todos os elementos da capa ficam centralizados):

1. nome da instituição (opcional);
2. nome do autor;
3. título do trabalho, que deve ser claro, preciso e objetivo, e conter palavras que identifiquem o seu conteúdo;
4. subtítulo (quando houver): se houver, deve ser precedido de dois pontos, evidenciando sua subordinação ao título;
5. local (cidade) da instituição onde deve ser apresentado;
6. ano de depósito (da entrega).

Conforme a NBR 14724 (ABNT, 2011, p. 3), lombada é a "parte da capa do trabalho que reúne as margens internas das folhas, sejam elas costuradas, grampeadas, coladas ou mantidas juntas de outra maneira". Na lombada, o título do trabalho deve ser centralizado e impresso no mesmo sentido do nome do autor. A ABNT NBR 12225 (ABNT, 2004) estipula que a lombada deve apresentar o nome do autor, o título e ano do trabalho.

A folha de rosto (Figura 6.4) é uma das partes pré-textuais e deve apresentar os seguintes elementos, na ordem em que estão listados:

1. nome do autor;
2. título do trabalho;
3. subtítulo (quando houver);
4. tipo de documento científico ou acadêmico (tese, dissertação, trabalho de conclusão de curso e outros) e objetivo (aprovação em disciplina, grau pretendido e outros) com recuo à direita.

5. nome do orientador e do coorientador (se houver);
6. local (cidade) da instituição onde deve ser apresentado;
7. ano de depósito (da entrega).

Figura 6.4 – Modelo de folha de rosto de um trabalho científico

NOME DO ALUNO

TÍTULO DO TRABALHO: subtítulo

Trabalho de conclusão de curso apresentado ao curso de Química da Universidade Federal da Paraíba como requisito para a obtenção do título de licenciatura em Química.

JOÃO PESSOA
2022

No verso da folha de rosto deve constar um elemento obrigatório: a ficha catalográfica, elaborada pela bibliotecária da instituição de ensino (Figura 6.5).

Figura 6.5 – Modelo da ficha catalográfica

S586e	Silva, Rebeca de Almeida.
	    Efeito do pré-tratamento ácido seguido de básico na hidrólise enzimática do bagaço de acerola / Rebeca de Almeida Silva. – Campina Grande: UFCG, 2014.
	    81 f. : il. color.
	
	    Dissertação (Mestrado em Engenharia Química) – Universidade Federal de Campina Grande, Centro de Ciências e Tecnologia, 2014.
	    "Orientação: Prof.ª Dr.ª Líbia de Sousa Conrado Oliveira".
	
	    1. Bagaço de Acerola. 2. Pré-Tratamento. 3. Hidrólise Enzimática.
	
	    I. Oliveira, Líbia de Sousa Conrado. II. Título.
	
	                                                  CDU 634.3(043)

FICHA CATALOGRÁFICA ELABORADA PELA BIBLIOTECA CENTRAL DA UFCG

A errata, um item opcional, é uma lista de correções que se fizerem necessárias acompanhadas do número da página em que elas devem ser aplicadas. Como é um item facultativo, nem todo trabalho científico apresenta errata; quando esse elemento for inserido no trabalho, ele deve ser colocado antes da folha de rosto (Fachin, 2017). Esse elemento não é contado como página e, por isso, não recebe numeração, podendo ser anexado ao trabalho como uma folha avulsa depois de impresso. Indica-se a referência do trabalho na parte superior da folha da errata, em espaçamento simples e alinhada à esquerda; o título **Errata** deve estar centralizado e em negrito.

A Figura 6.6 mostra um exemplo de como as informações devem estar dispostas na errata.

Figura 6.6 – Modelo de errata de um trabalho científico

<div align="center">**ERRATA**</div>			
<div align="center">SILVA, Q. de V. A história do ensino da química. 247 f. Dissertação (Mestrado em Química) – Universidade Federal do Paraná, Curitiba, 2022.</div>			
Folha	Linha	Onde se lê	Leia-se
35	12	pedagógico	didático--pedagógico
108	4	1845	1945
199	16	seção	sessão

De acordo com a NBR 14724, a folha de aprovação é um elemento obrigatório. Além disso,

> Deve ser inserida após a folha de rosto, constituída pelo nome do autor do trabalho, título do trabalho e subtítulo (se houver), natureza (tipo do trabalho, objetivo, nome da instituição a que é submetido, área de concentração), a data de aprovação, nome, titulação e assinatura dos componentes da banca examinadora e instituições a que pertencem. A data de aprovação e as assinaturas dos membros componentes da banca examinadora devem ser colocadas após a aprovação do trabalho. (ABNT, 2011, p. 7)

A dedicatória, que é um elemento opcional, deve ocupar apenas uma página. É o espaço em que o autor presta homenagem ou dedica seu trabalho a uma ou mais pessoas (Fachin, 2017).

A página de agradecimentos, também opcional, se refere a uma página em que o autor agradece às pessoas ou instituições que foram importantes ao longo do desenvolvimento do trabalho pelo apoio e pelo incentivo.

Figura 6.7 – Modelo de folha de aprovação

NOME DO ALUNO

TÍTULO DO TRABALHO: subtítulo

> Trabalho de conclusão de curso apresentado ao curso de Química da Universidade Federal da Paraíba como requisito para a obtenção do título de licenciatura em Química.

Aprovado em: _____/_____/_____

BANCA EXAMINADORA

_____
Prof. Nome do professor
Universidade Federal da Paraíba – UFPB

_____
Prof. Nome do professor
Universidade Federal da Paraíba – UFPB

_____
Prof. Nome do professor
Universidade Federal da Paraíba – UFPB

JOÃO PESSOA
2022

A epígrafe, elemento opcional, é uma citação que sintetiza ou, de alguma forma, ilustra o conteúdo do trabalho.

Figura 6.8 – Modelo de epígrafe

"Se os fatos não se encaixam na teoria, modifique os fatos".
(Albert Einstein)

O resumo em língua portuguesa é um elemento obrigatório (Figura 6.9). Deve ser uma síntese do conteúdo abordado no trabalho, mencionando de que forma o trabalho contribui para o avanço do conhecimento relacionado ao tema da pesquisa. A NBR 6028 (ABNT, 2021) recomenda que, no resumo, os verbos sejam escritos na terceira pessoa do singular e que o texto contenha apenas um parágrafo. Após o texto do resumo, devem constar palavras-chave (expressões que sumarizam o conteúdo), separadas por ponto e vírgula e finalizadas por um ponto final.

Deve-se inserir também o resumo traduzido para uma língua estrangeira, sendo o inglês o idioma considerado de divulgação internacional (nesse caso, o resumo se chama *abstract*). Contudo, pode-se traduzi-lo também para outras línguas estrangeiras, como o francês ou o espanhol, pois isso pode ampliar o público leitor.

Figura 6.9 – Modelo de resumo

RESUMO

Com a atual busca mundial por fontes renováveis, o uso de resíduos de biomassa lignocelulósica apresenta uma perspectiva bastante promissora para a produção de etanol. O processo deriva da fermentação de açúcares de origem hemicelulósica e celulósica, frações de materiais lignocelulósicos, através de um pré-tratamento adequado e da hidrólise enzimática da celulose. O resíduo da acerola constitui de 40% do volume processado, sendo 24,7% de celulose, 19,27% de hemicelulose e 28,37% de lignina. O objetivo deste trabalho foi estudar a cinética da hidrólise enzimática do bagaço de acerola *in natura* e do bagaço pré-tratado e avaliar o efeito desse pré-tratamento sobre a hidrólise. Inicialmente foi feita a caracterização lignocelulósica do bagaço *in natura* e do bagaço pré-tratado e a caracterização microestrutural por meio das análises de DRX e MEV. Ao bagaço de acerola foi aplicado o pré-tratamento ácido seguido de básico. Em seguida foi realizada a hidrólise enzimática do bagaço *in natura* e pré-tratado. Foram usadas as enzimas comerciais Celluclast 1.5L da Novozyme e beta-glicosidase da Proenzyme. Como ferramenta para avaliação das variáveis que influenciam no processo usou-se um planejamento fatorial 2^2 com 3 pontos centrais, onde as variáveis analisadas foram carga enzimática e relação de massa seca de bagaço por volume do meio reacional. A caracterização lignocelulósica mostrou que o bagaço de acerola é um substrato viável para obtenção de açúcares fermentescíveis e sua subseqüente conversão em etanol. O pré-tratamento ácido seguido de básico mostrou-se bastante eficiente em concentrar a celulose, pela remoção de parte da hemicelulose e lignina, provocando um aumento da celulose de 25% para 50%. Evidenciou-se a cristalinidade do bagaço de acerola, comprovada por Difração de Raios X e a modificação na morfologia do bagaço, verificada por Microscopia Eletrônica de Varredura. Por meio da cinética de hidrólise enzimática do bagaço de acerola *in natura* e pré-tratado foram obtidos rendimentos de 100% na conversão da celulose em glicose. A melhor produção de glicose foi de 22,3 g/L alcançada em 36 horas de hidrólise para o bagaço de acerola pré-tratado, onde ocorreu nas maiores condições de carga enzimática e relação massa seca de bagaço por volume reacional.

Palavras-chave: bagaço de acerola; pré-tratamento; hidrólise enzimática.

Fonte: Silva, 2014, p. 6.

O sumário (Figura 6.10) é a parte em que constam as principais divisões do documento na ordem em que elas aparecem ao longo do trabalho e com os respectivos números das páginas em que cada divisão se inicia. Seu objetivo é facilitar a localização de cada parte.

Figura 6.10 – Modelo de sumário

SUMÁRIO

1 INTRODUÇÃO	**16**
2 REVISÃO BIBLIOGRÁFICA	**19**
2.1 MATERIAIS LIGNOCELULÓSICOS	19
2.2 SORGO SACARINO	23
2.3 ENZIMAS CELULOLÍTICAS E HEMICELULOLÍTICAS	25
2.4 TIPOS DE PROCESSOS FERMENTATIVOS	29
2.5 ESTADO DA ARTE	31

A norma NBR 6027 (ABNT, 2012) estabelece os padrões para a elaboração do sumário. A página Projeto Acadêmico (2019) apresenta essas regras de maneira resumida:

a. Deve ser identificado pela palavra "Sumário" de forma centralizada no início da página com a mesma formatação utilizada para as seções primárias do trabalho acadêmico;
b. Cada item presente no sumário deverá apresentar a numeração progressiva conforme aparece ao longo de todo o trabalho, respeitando as seções primárias, secundárias, terciárias, quaternárias e quinárias, caso haja todas essas seções;

c. O sumário identifica apenas os elementos que aparecem após a sua página no trabalho, por isso, qualquer elemento pré-textual que apareça antes do sumário não deve ser identificado nesta página do trabalho;
d. No caso dos indicativos das seções que aparecem no sumário, é necessário alinhá-los à esquerda como orienta a norma NBR 6024; (Projeto Acadêmico, 2019)

Essa formatação pode ser visualizada na Figura 6.10.

A paginação deve estar localizada na margem direita, seguindo um destes formatos:

a. Utilizando apenas o número da primeira página (título + n° da página);
b. Utilizando números das páginas inicial e final com hífen separando as informações (título + n° das páginas inicial e final);
c. Utilizando os números das páginas em que aparece o conteúdo (título + n° das páginas do texto) (Projeto Acadêmico, 2019)

A primeira dessas formas de se apresentar a numeração das páginas está exemplificada na Figura 6.10; a segunda forma, na Figura 6.11; e a terceira forma, na Figura 6.12.

Figura 6.11 – Paginação pelo intervalo do número de páginas

```
                    SUMÁRIO
1 INTRODUÇÃO ................................................................ 16-18
2 REVISÃO BIBLIOGRÁFICA ................................................ 19
  2.1 MATERIAIS LIGNOCELULÓSICOS ............................... 19-22
  2.2 SORGO SACARINO .................................................... 23-24
  2.3 ENZIMAS CELULOLÍTICAS E HEMICELULOLÍTICAS ...... 25-28
  2.4 TIPOS DE PROCESSOS FERMENTATIVOS .................... 29-30
```

Figura 6.12 – Paginação com os números das páginas em que aparece o conteúdo

```
                    SUMÁRIO
1 INTRODUÇÃO ...................................................................... 16
2 REVISÃO BIBLIOGRÁFICA .............................. 19, 23, 25, 29
3 MATERIAIS E MÉTODOS ..................... 35, 36, 45, 46, 52, 56
4 RESULTADOS E DISCUSSÕES ................ 57, 60, 62, 78, 89
5 CONCLUSÕES ..................................................................... 94
REFERÊNCIAS ....................................................................... 95
```

Nas listas de ilustrações, de tabelas e de símbolos (itens opcionais), são arrolados os itens na mesma ordem em que eles ocorrem no texto, com cada item indicado por seu título e acompanhado do respectivo número da folha ou página.

Figura 6.13 – Modelo de lista de tabelas

LISTA DE TABELAS

Tabela 1 – Perfil socioeconômico da população entrevistada 9
Tabela 2 – Distribuição de atividades exercidas por gênero 23
Tabela 3 – Evolução da taxa de desemprego 54
Tabela 4 – Nível de escolaridade *versus* renda 62

A Figura 6.14 apresenta um exemplo de lista de abreviaturas e siglas.

Figura 6.14 – Modelo de lista de abreviaturas e siglas

LISTA DE ABREVIATURAS E SIGLAS

ABNT – Associação Brasileira de Normas Técnicas
LEB – Laboratório de Engenharia Bioquímica
UFCG – Universidade Federal de Campina Grande
IPA – Instituto de Pesquisas Agropecuárias
BSS – Bagaço do sorgo sacarino
FT – Farelo de trigo
FSS – Fermentação semissólida
FSm – Fermentação submersa
FES – Fermentação em estado sólido
FSL – Fermentação semissólida seguida de submersa
DNS – Ácido 3,5 dinitrosalicílico
pH – Potencial hidrogeniônico
AR – Açúcares redutores

Agora, descreveremos os elementos textuais de um trabalho científico.

A introdução é a seção em que o autor sinaliza para o leitor o contexto do tema pesquisado; nela, também fornece uma visão geral do estudo realizado e deixa claras as determinações estabelecidas nos questionamentos problematizados, os objetivos e as justificativas que levaram o pesquisador à investigação realizada, destacando ao final a metodologia utilizada no trabalho.

Em resumo, a introdução expõe e delimita o problema de estudo, os objetivos e a metodologia utilizada pelo pesquisador.

O desenvolvimento é outro dos elementos textuais. Köche (2011, p. 139) o define da seguinte maneira:

> detalhamento do problema, exposição da revisão bibliográfica e do marco de referência teórica, detalhamento das hipóteses com suas variáveis, definições e indicadores, descrição da população e plano de amostragem, apresentação e discussão dos resultados, avaliação crítica das hipóteses e do referencial teórico, acrescido de tabelas, gráficos, quadros e ilustrações.

O desenvolvimento é a parte principal e, geralmente, a mais extensa, podendo ser subdividido, a critério do pesquisador, em capítulos, seções e subseções, de maneira a hierarquizar e organizar os conteúdos. É nessa parte que o autor discorre sobre o tema da pesquisa, explicando-o, detalhando-o, justificando-o e apresentando sua arguição.

Devem ser explicitados também no desenvolvimento os materiais e os métodos utilizados (descrição da metodologia empregada para a elaboração do estudo); e os resultados e a discussão (detalhamento dos resultados encontrados).

Na conclusão, expõe-se o resultado final do trabalho, explanando os pontos negativos e os positivos por meio da síntese das principais ideias desenvolvidas ou conclusões parciais alcançadas (Köche, 2011).

Resumidamente, a introdução apresenta o tema da pesquisa de forma global; o desenvolvimento, de forma analítica; e a conclusão, de uma forma sintética (Faveni, 2022).

Outro elemento fundamental para a elaboração de um texto acadêmico são as **citações**. Trata-se de transcrição literal ou paráfrase (respectivamente, citação direta e citação indireta) de outras fontes, que devem ser de autores considerados referência na área do conhecimento abordada. A NBR 10520, da ABNT, determina o formato correto que as citações devem ter e a necessidade de que cada citação tenha uma referência correspondente na lista de referências ao final do trabalho. As citações diretas reproduzem diretamente o texto original; as indiretas são trechos reescritos que reproduzem conteúdos de outra fonte; e a citação de citação reproduz um trecho de uma terceira fonte (nesse caso, utiliza-se a expressão *apud*).

As **citações diretas** podem ser curtas ou longas. As primeiras são as que reproduzem até três linhas de texto. Estas são inseridas no próprio parágrafo e devem ficar entre aspas duplas. As citações diretas devem ser acompanhadas de uma chamada que remeta a uma referência devidamente inserida na lista de referências do trabalho. Essa chamada deve informar o sobrenome do autor citado, o ano de publicação do material e opcionalmente os números das páginas em que se encontram os trechos citados no original. As citações diretas longas são aquelas que reproduzem mais de três linhas e devem ser formatadas com 4 cm de recuo à direita, com fonte Arial, tamanho 10 (menor do que a letra do texto, que é tamanho 12), e sem as aspas. O espaçamento entre linhas deve ser, nas citações longas, de 1,0 cm (portanto, menor do que o espaçamento do texto em geral) e deve constar obrigatoriamente a chamada informando o sobrenome do autor, o ano de publicação e as páginas correspondentes aos trechos citados.

Figura 6.15 – Modelo de citação direta longa

A imagem inteligível do mundo proporcionada pela ciência é construída à imagem da razão e apenas contrastada com esse mundo exterior. Bachelard (1974, p. 19) afirma que

> A ciência suscita um mundo, não mais um impulso mágico, imanente à realidade, mas antes por um impulso racional imanente ao espírito. Após ter formado, nos primeiros esforços do espírito científico, uma razão à imagem do mundo, a atividade espiritual da ciência moderna dedica-se a construir um mundo à imagem da razão. A atividade científica realiza, em toda força do termo, conjuntos racionais.

Para que haja ciência há necessidade de dois aspectos: um subjetivo, o que cria, o que projeta...

Fonte: Köche, 2011, p. 154.

Na **citação indireta**, um conteúdo de outra fonte é reescrito nas palavras do autor da pesquisa que está sendo desenvolvida. A ideia original da obra citada precisa ser mantida e a autoria deve ser mencionada, juntamente com o ano da publicação, remetendo a uma entrada na lista final de referências. As citações desse tipo aparecem incorporadas ao texto e nelas não são utilizadas aspas. A Figura 6.16 dá dois exemplos desse tipo de citação.

Figura 6.16 – Modelos de citação indireta

Exemplo 1
  De acordo com Silva (2014), o alto teor de celulose é um dos fatores que tornam o bagaço de acerola uma boa alternativa de matéria-prima para a produção de etanol de segunda geração.

Exemplo 2
  O alto teor de celulose é um dos fatores que tornam o bagaço de acerola uma boa alternativa para a produção de etanol de segunda geração (SILVA, 2014).

*Na lista de referências deve constar:

SILVA, R. de A. **Efeito do pré-tratamento ácido seguido de básico na hidrólise enzimática do bagaço de acerola**. 81 f. Dissertação (Mestrado em Engenharia Química) – Universidade Federal de Campina Grande, Campina Grande, 2014. Disponível em: <http://dspace.sti.ufcg.edu.br:8080/xmlui/bitstream/handle/riufcg/292/REBECA%20DE%20ALMEIDA%20SILVA%20-%20DISSERTA%c3%87%c3%83O%20PPGEQ%202014.pdf?sequence=1&isAllowed=y>. Acesso em: 14 mar. 2022.

Como mostra a Figura 6.16, nesse tipo de citação não se indica o número da página, apenas o sobrenome do autor e o ano da publicação, podendo vir no início ou no final da citação. Quando a chamada pelo sobrenome estiver inserida no parágrafo, grafa-se o nome com apenas a letra inicial maiúscula, e quando o sobrenome estiver no final da sentença deve ficar entre parênteses e ser grafado com letras maiúsculas*.

Há situações em que o pesquisador não tem acesso a determinada fonte, mas encontra, na obra de um outro pesquisador, o conteúdo que deseja citar. Nesse caso, pode-se recorrer à citação de citação. Trata-se de fazer a citação, explicitando que ela foi citada em outra obra. Para indicar uma citação de citação, utiliza-se a expressão *apud* (em itálico), que significa *citado por*. A citação de citação pode ser direta ou indireta.

Figura 6.17 – Modelos de citação de citação

Citação de citação direta

Para Glover, Ronning e Reynolds (*apud* EYSENCK, 1999, p. 235), "A criatividade é um assunto muito complexo".

Citação de citação indireta

O processo criativo do ser humano é visto como o processo de fazer, de dar a vida (WEBSTER *apud* MAY, 1996).

Fonte: Moodle UFSC, 2020.

---

* Embora as normas da ABNT sejam exigidas para trabalhos acadêmicos, muitas editoras têm regras e padrões próprios que podem ou não ser iguais à normalização estabelecida pela ABNT. No caso específico do uso de letras maiúsculas no sobrenome do autor ao final da citação indireta, você poderá perceber ao longo desta obra que a Editora InterSaberes adota um padrão diferente (apenas a letra inicial maiúscula).

No caso dos exemplos da Figura 6.17, entende-se que o autor não teve acesso à obra de Glover, Ronning e Reynolds, tampouco à de Webster. No entanto, as obras de Eysenck (1999) e de May (1996) devem necessariamente constar na lista de referências.

As notas de rodapé têm o objetivo de fornecer informações adicionais ao leitor, fazer considerações que não convêm serem inseridas no corpo do texto, pois prejudicariam a sequência do raciocínio desenvolvido. Por esse motivo, figuram, como o nome indica, no rodapé da página, e nelas são feitos explicações, comentários ou observações pessoais do autor. As notas são numeradas sequencialmente, e a numeração deve reiniciar a cada capítulo ou a cada parte do trabalho.

Exercício resolvido

1. Sobre os tipos de citações feitas em um trabalho científico, considere os exemplos a seguir.

    I. "Obviamente, essa é a função da economia: ela busca desenvolver modelos simples e facilmente compreensíveis que descrevam os fenômenos do mundo real" (ANDERSON, 2006, p. 19).

    II. As citações ou transcrições de documentos bibliográficos servem para fortalecer e apoiar a tese do pesquisador ou para documentar sua interpretação. O que citar? Componentes relevantes para descrição, explicação ou exposições temáticas [...] (BARROS; LEHFELD, 2000, p. 107).

III. Os materiais lignocelulósicos são os compostos orgânicos mais abundantes da biosfera, representando cerca de 50% de toda a biomassa terrestre. Estes materiais são oriundos da parede celular encontrada nas células vegetais (BON et al., 2008).

Os itens apresentam, respectivamente, exemplos de:
a) citação direta longa; citação de citação; citação indireta.
b) citação direta curta; citação direta longa; citação indireta.
c) citação indireta; citação direta longa; citação direta longa.
d) citação de citação; citação indireta; citação direta longa.

Gabarito: b

Feedback **do exercício**: Os itens exemplificam respectivamente uma citação direta curta, pois está entre parênteses e consta o nome do autor, o ano e o número da página (esta última característica é obrigatória apenas em citações diretas); uma citação direta longa, pois o trecho não está entre aspas, apresenta mais de três linhas e é mencionado o número da página; uma citação indireta, pois o trecho não está entre aspas e não é mencionado o número da página.

A seguir, abordaremos os elementos pós-textuais.

As referências bibliográficas são padronizadas pela NBR 6023 (ABNT, 2018). Existe uma gama muito grande de suportes e materiais que podem servir como referência para um trabalho acadêmico; por esse motivo, neste livro nos limitaremos a tratar apenas dos mais recorrentes.

Para saber mais

Sugerimos a leitura integral da NBR 6023. Nesse documento, estão descritas todas as regras necessárias para a elaboração de referências desde as mais comuns, como um livro publicado, até as menos comuns, como documentos sonoros, esculturas e partituras musicais.

ABNT – Associação Brasileira de Normas Técnicas. **ABNT NBR 6023**: Informação e documentação; Referências; Elaboração. Rio de Janeiro: ABNT, 2018.

Na elaboração de uma referência, há informações que são essenciais e outras facultativas, a depender da natureza do material a ser referenciado.

A primeira informação que compõe uma referência diz respeito à autoria do material, e a lista de referências apresentará as entradas por ordem alfabética. No caso de o autor ser pessoa física, a entrada é pelo sobrenome do autor. Contudo, a autoria pode se referir a instituições, eventos, *sites*, entre outros responsáveis pela publicação.

A Figura 6.18 reúne exemplos de três tipos de referências: um livro, uma dissertação de mestrado e uma publicação em meio eletrônico.

Figura 6.18 – Modelos de referências

Exemplo 1
ATKINS, P. W. **Físico-química**: fundamentos. 3. ed. Rio de Janeiro: LTC, 2003.

Exemplo 2
SILVA, R. de A. **Efeito do pré-tratamento ácido seguido de básico na hidrólise enzimática do bagaço de acerola**. 2014. 81 f. Dissertação (Mestrado em Engenharia Química) – Universidade Federal de Campina Grande, Campina Grande, 2014.

Exemplo 3
SILVEIRA, D. Mais de 63% dos domicílios têm aceso à internet, aponta IBGE. **G1**, 24 nov. 2017. Disponível em: <https://g1.globo.com/economia/noticia/mais-de-63-dos-domicilios-tem-acesso-a-internet-aponta-ibge.ghtml>. Acesso em: 10 mar. 2022.

Como mencionamos, as referências contêm elementos essenciais e complementares. Os primeiros são aqueles indispensáveis para a identificação da fonte: autor, título, subtítulo (se houver), local de publicação (cidade), instituição responsável pela publicação (editora, instituição acadêmica, empresa etc.) e data de publicação (nessa ordem); e os complementares são os opcionais, podendo ser inseridos para uma melhor identificação da fonte (Köche, 2017).

Na Figura 6.19, está exemplificada uma referência apenas como os elementos essenciais e a mesma referência com alguns elementos complementares, como o nome do tradutor, o número total de páginas da obra, o título original e o ISBN (International Standard Book Number).

Figura 6.19 – Modelo de referência com elementos essenciais e com elementos complementares

Exemplo 1
CORTINA, A.; MARTÍNEZ, E. **Ética**. São Paulo: Loyola, 2005.

Exemplo 2
CORTINA, A.; MARTINEZ, E. **Ética**. Tradução: Silvana Cobucci Leite. São Paulo: Loyola, 2005. 183 p. Título original: Ética. ISBN 85-15-03115-9.

Apêndices (Figura 6.20) são elementos opcionais, adicionados ao trabalho para dar acesso ao leitor a textos ou informações complementares, elaborados pelo autor em forma de tabelas, gráficos, textos, imagens etc.

Anexos também são elementos opcionais e complementares, com a diferença de que são conteúdos que não foram elaborados pelo autor do trabalho, acrescentados para comprovar determinado ponto, ilustrar ou fundamentar o texto.

Figura 6.20 – Modelo de apêndice

APÊNDICE A

A1. QUESTIONÁRIO AVALIATIVO

Nome:	Idade:
Cidade:	Tipo de cultura:

1) Trabalha em família?   Sim ( )   Não ( )
2) Trabalha em cooperativa?   Sim ( )   Não ( )
3) Qual é o rendimento mensal médio com o que é produzido?
   Entre R$ 2.000,00 e R$ 5.000,00 ( )
   Entre R$ 5.000,00 e R$ 20.000,00 ( )
   Entre R$ 20.000,00 e R$ 50.000,00 ( )
   Acima de R$ 50.000,00 ( )
4) Qual é o tipo de solo predominante na propriedade?
   Seco ( )   Úmido ( )   Argiloso ( )   Outros ( )
5) Já perdeu alguma safra pela(s) causa(s):
   Seca ( )   Chuva ( )   Pragas ( )   Nunca perdeu ( )
6) Sabe o que é hidroponia?
   Sim ( )   Não ( )
7) Acha que a hidroponia seria boa para o que sua propriedade produz?
   Sim ( )   Não ( )
8) Sabe o que é fazenda vertical?
   Sim ( )   Não ( )
9) Investiria na construção de uma fazenda vertical?
   Sim ( )   Não ( )
10) Investiria em energia solar para a sua produção?
    Sim ( )   Não ( )
11) Investiria num sistema de climatização e iluminação para a sua produção?
    Sim ( )   Não ( )

O índice é um elemento opcional que tem a função de auxiliar o leitor a encontrar informações específicas no corpo do texto. Trata-se de uma lista de palavras ou expressões organizadas para que o leitor identifique em que páginas do texto elas são mencionadas.

O glossário é um elemento opcional que enumera palavras cujo sentido pode ser desconhecido pelo leitor. As palavras são listadas em ordem alfabética e são acompanhadas de suas definições.

Exercício resolvido

1. A elaboração de um trabalho científico precisa obedecer a determinadas normas técnicas padronizadas. Com base nos elementos que compõem a estrutura de um trabalho científico, considere as afirmativas a seguir.

    I. Os elementos pré-textuais são os que antecedem o texto com informações que orientam o leitor na compreensão dos conteúdos abordados.

    II. Nas notas de rodapé são prestados esclarecimentos e considerações que poderiam ser incluídos ao longo do texto, pois isso não causaria prejuízo à leitura.

    III. O índice é um elemento pré-textual obrigatório e se refere à enumeração das principais divisões de um documento, com o objetivo de facilitar a visão do conjunto da obra e a localização de suas partes.

IV. As palavras-chave são um elemento obrigatório e devem ser colocadas logo após o resumo, ficando separadas entre si por ponto.
V. No sumário, a palavra que intitula essa parte do trabalho deve ser centralizada, e a fonte utilizada é a mesma empregada na identificação das seções primárias.

Assinale a alternativa que lista todas as afirmativas verdadeiras:

a) I, II e V.
b) I, II e IV.
c) I, IV e V.
d) II, IV e V.

Gabarito: c
***Feedback* do exercício**: As notas de rodapé são colocadas à parte do texto justamente para não interromper a sequência lógica da leitura. Com relação à afirmativa III, no que se refere ao índice, esse elemento, além de ser opcional, é um elemento pós-textual, e essa descrição dada se refere ao elemento sumário.

A seguir, daremos ênfase às características estruturais de um artigo científico.

6.3 Artigo científico

Segundo Pereira et al. (2018, p. 36), "Os artigos científicos são documentos científicos que apresentam textos atuais sobre experiências realizadas, relatos de casos, revisões de literatura etc. Eles são menores que as monografias e em geral têm de 10 a 20 páginas".

Geralmente, os artigos científicos são publicados em revistas ou periódicos especializados, porém, esses trabalhos podem também ser apresentados em eventos como congressos, seminários, encontros científicos ou outros. Desde que respeitados determinados requisitos, os trabalhos podem ser publicados nos anais do evento.

Os elementos de um artigo científico são: título, subtítulo, resumo, palavras-chave, introdução, desenvolvimento, considerações finais e referências.

Perguntas & respostas

Quais suportes podem auxiliar a escrita de um artigo científico? A fonte mais comum e mais abundante para o desenvolvimento de habilidades na escrita de trabalhos acadêmicos são os livros e artigos que abordam assuntos relacionados à pesquisa. Além disso, é possível assistir a vídeos na interne (ou em outros meios) que tratam do tema estudado.

A numeração dos itens do corpo do texto segue o modelo apresentado, com exceção de artigos relacionados a pesquisas de campo, que devem contar com outras seções de primeira ordem, tais como: material e métodos, discussão dos resultados, entre outras.

Sobre a apresentação dos resultados de uma pesquisa em trabalhos científicos, Pereira et al. (2018, p. 101) afirmam que:

> Nos artigos que são elaborados a partir de experiências em laboratório, apresentam-se os resultados coletados e utilizados em condições controladas. Já os estudos em campo contam com muitas variáveis e a coleta é feita em condições reais. Os estudos envolvendo pessoas e respostas a questionários ou entrevistas são estudos sociais e seus resultados podem ser colocados e analisados.

A Figura 6.21 mostra de maneira esquematizada como um artigo científico deve ser organizado.

Figura 6.21 – Modelo de organização de um artigo científico

1. Título
2. Subtítulo (quando houver)
3. Nome dos autores
4. Resumo (obrigatório)
5. Palavras-chave
6. Título em inglês
7. Abstract (opcional)
8. *Keywords*
9. Introdução
10. Desenvolvimento
11. Conclusão
12. Referências

Rossi (2013) indica alguns parâmetros a serem seguidos na elaboração de um artigo científico:

- Papel: tamanho A4 (21 cm × 29,7 cm), branco ou reciclado.
- Margens: esquerda e superior de 3 cm; direita e inferior de 2 cm.

- Espaçamento entre linhas: simples.
- Parágrafo: de 1,25 cm (geralmente 1 tab), com uma linha em branco entre um parágrafo e outro.
- Formato do texto: justificado.
- Tipo e tamanho da fonte: Times New Roman tamanho 12 para o texto; tamanho 10 para citações longas, notas de rodapé e número de página; tamanho 18 para título; e 16 para subtítulo.
- Paginação: as páginas são numeradas com algarismos arábicos colocados no rodapé direito da página.
- Extensão do artigo: de 8 a 16 páginas. [...]
- Títulos e subtítulos internos: os títulos de primeiro nível devem ser colocados em letras maiúsculas e em negrito (**3 ADMINISTRAÇÃO**); subtítulos de segundo nível, em letras maiúsculas e sem negrito (3.1 ADMINISTRAÇÃO CIENTÍFICA); e subtítulos de terceiro nível, em letras minúsculas e apenas a primeira letra do título maiúscula (salvo nomes próprios) e sem negrito (3.1.1 Histórico da administração científica). A numeração de títulos e subtítulos deve ser alinhada à margem esquerda.
- Uso de itálico: utiliza-se para grafar as palavras em língua estrangeira, como *check in*, *workaholic*, por exemplo.

Exercício resolvido

1. A NBR 6022 (ABNT, 2003, p. 2) define artigo científico como "publicação com autoria declarada, que apresenta e discute ideias, métodos, técnicas, processos e resultados nas diversas áreas do conhecimento". Considerando essa definição e o que foi estudado neste capítulo, assinale a alternativa **incorreta**.

a) Os artigos científicos geralmente são publicados em canais como revistas, plataformas de estudos, anais de congressos etc.
b) Ao iniciar a escrita de um artigo científico, assistir a vídeos sobre o tema a ser abordado pode ajudar a organizar o trabalho.
c) O artigo científico pode ser original, apresentando relatos de experiência de pesquisa, estudos de caso, entre outros, ou pode ser de revisão.
d) O título e o subtítulo (quando houver) devem encontrar-se na primeira página do artigo, porém não precisam ser exibidos de forma diferenciada e não há uma forma padrão para separar o título do subtítulo.

Gabarito: d
***Feedback* do exercício**: A alternativa "d" é a incorreta, visto que obrigatoriamente o título e o subtítulo de um trabalho científico, independentemente de ser um artigo, devem estar separados por dois pontos ou virem diferenciados pela letra, neste caso, o título deve ser expresso todo em caixa-alta e o subtítulo com apenas a primeira letra maiúscula.

Além dos elementos citados que compõem os artigos científicos, esses documentos podem apresentar figuras, tabelas ou quadros, que geralmente estão presentes no desenvolvimento textual, pois não é comum esses itens serem inseridos na introdução.

Para saber mais

O artigo científico intitulado "A pesquisa em ensino de química no Brasil: conquista e perspectivas", publicado na revista *Química Nova*, apresenta um modelo de trabalho científico na área do ensino de química e discute a importância desse tipo de publicação.

SCHNETZLER, R. P. A pesquisa em ensino de química no Brasil: conquista e perspectivas. **Química Nova**, Piracicaba, v. 25, supl. 1, p. 14-24, 2002. Disponível em: <https://www.scielo.br/pdf/qn/v25s1/9408.pdf>. Acesso em: 14 mar. 2022.

A escrita e a publicação de artigos científicos conferem às pesquisas originalidade e procedência e proporcionam à comunidade científica o conhecimento relativo às áreas em que essas pesquisas foram conduzidas, além de darem visibilidade acadêmica aos autores dos trabalhos.

Síntese

A metodologia científica é um conjunto de questionamentos, procedimentos e métodos utilizados pela ciência para elaborar e solucionar problemas do conhecimento, de maneira organizada e seguindo determinados padrões.

O processo metodológico perpassa as seguintes fases: delimitação do problema, formulação das hipóteses, coleta de dados, análises desses dados, conclusões e generalizações e a escrita propriamente dita (a redação do trabalho).

Um trabalho científico é formado por parte externa (a capa e a lombada) e a parte interna (elementos pré-textuais, textuais e pós-textuais).

Os elementos pré-textuais são: errata, folha de rosto, folha de aprovação, dedicatória, agradecimentos, epígrafe, resumo, *abstract*, sumário, lista de ilustrações.

Nos elementos textuais, estão presentes: introdução, desenvolvimento, conclusão, notas e citações. Na introdução, dá-se a conhecer a visão geral do conteúdo; o desenvolvimento mostra uma visão analítica; e a conclusão contém uma visão sintética.

O desenvolvimento é o centro do trabalho, a parte em que o autor expõe, explica e demonstra o assunto em todos os seus aspectos. Devem ser expostos no desenvolvimento os seguintes itens: material e métodos; e resultados e discussão.

Os elementos pós-textuais são: referências bibliográficas, anexos, apêndices, glossário e índice.

O artigo científico é um documento científico que apresenta texto atual sobre experiências realizadas, relatos de casos, revisões de literatura, entre outros.

Os elementos de um artigo científico são: título, subtítulo, resumo, palavras-chave, introdução, desenvolvimento, considerações finais e referências.

A publicação de artigos científicos contribui para o desenvolvimento científico e tecnológico do ensino da química e para a formação e atuação docente.

Considerações finais

O ensino de química não pode ficar restrito à transmissão de conteúdos técnicos; tem de proporcionar condições para que o aluno desenvolva uma visão crítica do contexto social em que se insere e para que se capacite para atuar em sua comunidade.

Neste livro, expusemos inicialmente conceitos relacionados aos aspectos sociais, políticos e éticos no ensino de química. Buscando superar os desafios para a transmissão desse conhecimento, oferecemos ao leitor como referência uma parcela significativa da literatura especializada e dos estudos científicos a respeito dos temas abordados. Além disso, apresentamos uma diversidade de indicações culturais para enriquecer o processo de construção de conhecimento aqui proposto e procuramos oferecer indicações práticas com relação aos aspectos sociais, políticos e éticos no ensino de química.

Analisamos, na sequência, a organização política brasileira, de modo a dar ao aluno um panorama a respeito das determinações legais que pautaram a educação ao longo da história de nosso país. Depois, abordamos o movimento CTSA aplicado ao ensino de química, expondo conhecimentos fundamentais para uma prática docente com uma visão moderna e voltada para a vida concreta.

Disponibilizamos um guia para a produção de textos acadêmicos que não pretende ser completo ou definitivo, mas que fornece subsídios, além de indicar leituras adicionais, para que o(a) leitor(a) produza trabalhos que atendam ao rigor científico.

Com essa gama bastante ampla de abordagens, desejamos que o(a) leitor(a) coloque em prática os conhecimentos aqui discutidos, seja na pesquisa, seja em sala de aula, de modo a fazer da química um instrumento para a melhoria da vida de nossa espécie, tanto para a geração presente quanto para as futuras.

Referências

ABNT – Associação Brasileira de Normas Técnicas. **NBR 6022**. Informação e documentação – Artigo em publicação periódica científica impressa – Apresentação. Rio de Janeiro: ABNT, 2003.

ABNT – Associação Brasileira de Normas Técnicas. **NBR 6023**. Informação e documentação – Referência – Elaboração. Rio de Janeiro: ABNT, 2018.

ABNT – Associação Brasileira de Normas Técnicas. **NBR 6027**. Informação e documentação – Sumário – Apresentação. Rio de Janeiro: ABNT, 2012.

ABNT – Associação Brasileira de Normas Técnicas. **NBR 6028**. Informação e documentação – Resumo, resenha e recensão – Apresentação. Rio de Janeiro: ABNT, 2021.

ABNT – ASSOCIAÇÃO BRASILEIRA DE NORMAS TÉCNICAS. **NBR 12225**. Informação e documentação – Lombada – Apresentação. Rio de Janeiro: ABNT, 2004.

ABNT – Associação Brasileira de Normas Técnicas. **NBR 14724**. Informação e documentação – Trabalhos acadêmicos – Apresentação. Rio de Janeiro: ABNT, 2011.

ABRÃO, J. S. **Pesquisa & história**. Porto Alegre: Ed. Edipucsr, 2002. (Coleção História 51).

ACEVEDO-DÍAZ, J. A. Reflexiones sobre las finalidades de la enseñanza de las ciencias: educación científica para la ciudadanía. **Revista Eureka sobre Enseñanza y Divulgación de las Ciencias**, v. 1, n. 1, p. 3-16, 2004. Disponível em: <https://www.redalyc.org/articulo.oa?id=92010102>. Acesso em: 11 mar. 2022.

AIKENHEAD, G. S. **Science education development: from curriculum policy to student learning. Science-technology-society**.
In: CONFERÊNCIA INTERNACIONAL SOBRE ENSINO DE CIÊNCIAS PARA O SÉCULO XXI: ACT (ALFABETIZAÇÃO EM CIÊNCIA E TECNOLOGIA), 1., Brasília,1990.

ALVARO, M. V. **Ética e educação em Química**: uma sequência didática abordando as influencias socioculturais e históricas no saber científico. 85 f. Monografia (Licenciatura em Química) – Universidade Federal Fluminense, Niterói, 2017. Disponível em: <https://app.uff.br/riuff/bitstream/1/6400/1/MFC%202017.1_MARCELA%20VITOR%20ALVARO_ASSINADO.pdf>. Acesso em: 10 mar. 2022.

ANDRADE, D. Políticas públicas: o que são e para que servem? **Politize!**, 4 fev. 2016. Disponível em: <https://www.politize.com.br/politicas-publicas/>. Acesso em: 10 mar. 2022.

ATKINS, P. W. **Físico-química**: fundamentos. 3. ed. Rio de Janeiro: LTC, 2003.

AULER, D. Enfoque ciência-tecnologia-sociedade: pressupostos para o contexto brasileiro. **Ciência & Ensino**, v. 1, número especial, 2007.

AULER, D.; BAZZO, W. A. Reflexões para a implementação do movimento CTS no contexto educacional brasileiro. **Ciência & Educação**, v. 7, n. 1, p. 1-13, 2001. Disponível em: <https://www.scielo.br/j/ciedu/a/wJMcpHfLgzh53wZrByRpmkd/?format=pdf&lang=pt>. Acesso em: 10 mar. 2022.

BENITE, A. M. C. et al. O diário virtual coletivo: um recurso para investigação dos saberes docentes mobilizados na formação de professores de química de deficientes visuais. **Química Nova na Escola**, São Paulo, v. 36, n. 1, p. 61-70, fev. 2014. Disponível em: <https://repositorio.bc.ufg.br/bitstream/ri/14873/5/Artigo%20-%20Anna%20Maria%20Canavarro%20Benite%20-%202014.pdf>. Acesso em: 8 mar. 2022.

BORGES, C. de O. et al. Vantagens da utilização do ensino CTSA aplicado a atividades extraclasse. In: ENCONTRO NACIONAL DE ENSINO DE QUÍMICA, 15., Brasília, DF, 2010. **Anais**...Disponível em: <http://www.sbq.org.br/eneq/xv/resumos/R0277-1.pdf>. Acesso em: 10 mar. 2022.

BOTTOMORE, T. **Dicionário do pensamento marxista**. 2. ed. Rio de Janeiro: J. Zahar, 1988.

BRASIL. **Constituição da República Federativa do Brasil**: texto constitucional promulgado em 5 de outubro de 1988, com as alterações determinadas pelas Emendas Constitucionais de Revisão nos 1 a 6/94, pelas Emendas Constitucionais nos 1/92 a 91/2016 e pelo Decreto Legislativo no 186/2008. Brasília: Senado Federal; Coordenação de Edições Técnicas, 2016. Disponível em: <https://www2.senado.leg.br/bdsf/bitstream/handle/id/518231/CF88_Livro_EC91_2016.pdf>. Acesso em: 8 mar. 2022.

BRASIL. Decreto n. 4.074, de 4 de janeiro de 2002. **Diário Oficial da União**, Poder Executivo, Brasília, DF, 8 jan. 2002a. Disponível em: <http://www.planalto.gov.br/ccivil_03/decreto/2002/d4074.htm>. Acesso em: 8 mar. 2022.

BRASIL. Lei n. 7.802, de 11 de junho de 1989. **Diário Oficial da União**, Poder Executivo, Brasília, DF, 12 jul. 1989. Disponível em: <http://www.planalto.gov.br/ccivil_03/leis/l7802.htm>. Acesso em: 8 mar. 2022.

BRASIL. Lei n. 9.394, de 20 de dezembro de 1996. Estabelece as diretrizes e bases da educação nacional. **Diário Oficial da União**, Poder Legislativo, Brasília, DF, 23 dez. 1996. Disponível em: <http://www.planalto.gov.br/ccivil_03/leis/L9394.htm>. Acesso em: 8 mar. 2022.

BRASIL. Lei n. 9.605, de 12 de fevereiro de 1998. **Diário Oficial da União**, Poder Legislativo, Brasília, DF, 13 fev. 1998. Disponível em: <http://www.planalto.gov.br/ccivil_03/leis/l9605.htm>. Acesso em: 24 jan. 2022.

BRASIL. Lei n. 9.795, de 27 de abril de 1999. **Diário Oficial da União**, Brasília, Poder Legislativo, DF, 28 abr. 1999. Disponível em: <http://www.planalto.gov.br/ccivil_03/leis/l9795.htm>. Acesso em: 9 mar. 2022.

BRASIL. Lei n. 9.974, de 6 de junho de 2000. **Diário Oficial da União**, Poder Legislativo, Brasília, DF, 7 jun. 2000a. Disponível em: <http://www.planalto.gov.br/ccivil_03/leis/l9974.htm>. Acesso em: 8 mar. 2022.

BRASIL. Lei n. 12.305, de 2 de agosto de 2010 (Política Nacional de Resíduos Sólidos/PNRS). **Diário Oficial da União**, Poder Executivo, Brasília, DF, 3 ago. 2010. Disponível em: <https://www.planalto.gov.br/ccivil_03/_ato2007-2010/2010/lei/l12305.htm>. Acesso em: 9 mar. 2022.

BRASIL. Lei Complementar n. 101, de 4 de maio de 2000. **Diário Oficial da União**, Poder Legislativo, Brasília, DF, 5 maio 2000. Disponível em: <https://www.planalto.gov.br/ccivil_03/_ato2007-2010/2010/lei/l12305.htm>. Acesso em: 10 mar. 2022.

BRASIL. Lei n. 13.146, de 6 de julho de 2015. Estatuto da Pessoa com Deficiência. **Diário Oficial da União**, Brasília, Poder Legislativo, DF, 7 jul. 2015. Disponível em: <http://www.planalto.gov.br/ccivil_03/_ato2015-2018/2015/lei/l13146.htm>. Acesso em: 8 mar. 2022.

BRASIL. Câmara dos Deputados. **Papel e história da Câmara**. Disponível em: <https://www2.camara.leg.br/a-camara/conheca/o-papel-do-poder-legislativo>. Acesso em: 10 mar. 2022.

BRASIL. Ministério da Educação. **Base Nacional Comum Curricular**. Brasília, DF: MEC, 2018. Disponível em: <http://basenacionalcomum.mec.gov.br/images/BNCC_EI_EF_110518_versaofinal_site.pdf>. Acesso em: 8 mar. 2022.

BRASIL. Ministério da Educação. **Parâmetros Curriculares Nacionais**: Ensino Médio Parte I – Bases legais. Brasília, DF, 2000b. Disponível em: <http://portal.mec.gov.br/setec/arquivos/pdf/BasesLegais.pdf>. Acesso em: 8 mar. 2022.

BRASIL. Ministério da Educação. Secretaria de Educação Média e Tecnológica (Semtec). **PCN + Ensino Médio**: orientações educacionais complementares aos Parâmetros Curriculares Nacionais – Ciências da Natureza, Matemática e suas Tecnologias. Brasília, 2002b. Disponível em: <http://portal.mec.gov.br/seb/arquivos/pdf/CienciasNatureza.pdf>. Acesso em: 11 mar. 2022.

BRASIL. Ministério da Saúde. Agência Nacional de Vigilância Sanitária. **Resolução RDC n. 306**, de 7 de dezembro de 2004. Brasília, DF, 2004. Disponível em: <https://bvsms.saude.gov.br/bvs/saudelegis/anvisa/2004/res0306_07_12_2004.html>. Acesso em: 9 mar. 2022.

BROCK, C.; SCHWARTZMAN, S. (Org.). **Os desafios da educação no Brasil**. Rio de Janeiro: Nova Fronteira, 2005.

BUCCI, M. P. D. O conceito de política pública em direito. In: BUCCI, M. P. D. (Org.). **Políticas públicas**: reflexões sobre o conceito jurídico. São Paulo: Saraiva, 2006. p. 1-47.

BUNGE, M. **Epistemologia**: curso de atualização. São Paulo: Edusp, 1980.

CAJAS, F. Alfabetización científica y tecnológica: la transposición didáctica del conocimiento tecnológico. **Enseñanza de las ciencias**, v. 19, n. 2, p. 243-254, Barcelona, 2001. Disponível em: <https://www.researchgate.net/publication/39141192_Alfabetizacion_cientifica_y_tecnologica_la_transposicion_didactica_del_conocimiento_tecnologico>. Acesso em: 10 mar. 2022.

CARVALHO, A. M. P. de; GIL-PÉREZ, D. **Formação de professores de ciências: tendências e inovações**. 5. ed. São Paulo: Cortez, 2001.

CAVALCANTI, T. B.; BRITO, L. N. de; BALEEIRO, A. **Constituições brasileiras**: 1967 – Volume VI. Brasília: Senado Federal; Subsecretaria de Edições Técnicas, 2012. Disponível em: <https://www2.senado.leg.br/bdsf/bitstream/handle/id/137603/Constituicoes_Brasileiras_v6_1967.pdf?sequence=9&isAllowed=y>. Acesso em: 10 mar. 2022.

CEREZO, J. A. L. Ciência, Tecnología y Sociedad: el estado de la cuestíon em Europa y Estados Unidos. **Revista Iberoamericana de Educación**, n. 18, 1998. Disponível em: <https://rieoei.org/historico/oeivirt/rie18a02.pdf>. Acesso em: 10 mar. 2022.

CFQ – Conselho Federal de Química. Disponível em: <http://cfq.org.br/>. Acesso em: 10 mar. 2022.

CHASSOT, A. **Alfabetização científica**: questões e desafios para a educação. 4. ed. Ijuí: Ed. Unijuí, 2006.

CHASSOT, A. **Educação consciência**. 2. ed. Santa Cruz do Sul: Udunisc, 2007.

COELHO, B. **Tipos de pesquisa**: abordagem, natureza, objetivos e procedimentos. 20 set. 2019. Disponível em: <https://blog.mettzer.com/tipos-de-pesquisa/>. Acesso em: 11 mar. 2022.

COELHO, L. Diferenças entre o legislativo Federal, Estadual e Municipal. **Politize!**, 1º jun. 2020. Disponível em: <https://www.politize.com.br/legislativo-federal-estadual-municipal/>. Acesso em: 10 mar. 2022.

CONAMA – Conselho Nacional do Meio Ambiente. Resolução n. 358, de 29 de abril de 2005. **Diário Oficial da União**, Brasília, DF, 4 maio 2005. Disponível em: <https://as.org.br/docs/Resolucao_CONAMA_358.pdf>. Acesso em: 9 mar. 2022.

CONRADO, D. M.; EL-HANI, C. N. Formação de cidadãos na perspectiva CTS: reflexões para o ensino de ciências. In: SIMPÓSIO NACIONAL DE ENSINO DE CIÊNCIA E TECNOLOGIA, 2., **Anais**… Ponta Grossa: UTFPR, 2010, p. 1-16.

CORTEGIANI, A.; INGOGLIA, G.; IPPOLITO, M.; GIARRATANO, A.; EINAV, S. A systematic review on the efficacy and safety of chloroquine for the treatment of COVID-19. **Journal of Critical Care**, v. 57, p. 279-283, 2020.

CORTINA, A.; MARTÍNEZ, E. **Ética**. Tradução de Silvana Cobucci Leite. São Paulo: Loyola, 2005.

DANTAS, T. Como funciona o sistema político brasileiro? **Mundo Educação**. Disponível em: <https://mundoeducacao.uol.com.br/politica/como-funciona-sistema-politico-brasileiro.htm>. Acesso em: 10 mar. 2022.

DEIMLING, N. N. M.; MOSCARDINI, S. F. Inclusão escolar: política, marcos históricos, avanços e desafios. **Revista Eletrônica de Política e Gestão Educacional**, Araraquara, n. 12, p. 3-21, 2012. Disponível em: <https://periodicos.fclar.unesp.br/rpge/article/view/9325/6177>. Acesso em: 8 mar. 2022.

DEL PINTOR, V. F. **Estudo investiga dificuldades de compreensão no ensino de química**. 2016. Disponível em: <http://www.usp.br/aun/antigo/exibir?id=7697&ed=1342&f=24>. Acesso em: 8 mar. 2022.

DELGADO, T. C. G.; SILVA, R. de C. A importância das políticas públicas educacionais no Brasil. **Revista Fabe**, Bertioga, v. 8, 2018. Disponível em: <http://fabeemrevista.com.br/material/vol8/06.pdf>. Acesso em: 9 mar. 2022.

DEMO, P. Ambivalências da sociedade da informação. **Ciências da Informação**, v. 29, n. 2, p. 37-42, maio/ago. 2000. Disponível em: <http://revista.ibict.br/ciinf/article/view/885/920>. Acesso em: 10 mar. 2022.

DINIZ, C. R.; SILVA, I. B da. **Metodologia científica**: tipos de métodos e suas aplicações. Campina Grande; Natal: UEPB; UFRN – Eduep, 2008. Disponível em: <http://www.ead.uepb.edu.br/ava/arquivos/cursos/geografia/metodologia_cientifica/Met_Cie_A04_M_WEB_310708.pdf>. Acesso em: 14 mar. 2022.

DONATO, V. C. C. **O Poder Judiciário no Brasil**: estrutura, críticas e controle. 106 f. Dissertação (Mestrado em Direito Constitucional) – Universidade de Fortaleza, 2010. Fortaleza, 2006. Disponível em: <http://www.dominiopublico.gov.br/download/teste/arqs/cp041679.pdf>. Acesso em: 10 mar. 2022.

DUARTE, V. M. do N. **Pesquisa científica**. Disponível em: <https://monografias.brasilescola.uol.com.br/regras-abnt/pesquisa-cientifica.htm>. Acesso em: 11 mar. 2022.

EAD. **Conheça os cursos EAD do Pronatec e saiba como estudar**. 18 jun. 2019. Disponível em: <https://www.ead.com.br/pronatec-cursos>. Acesso em: 14 mar. 2022.

ENGELS, F. **A dialética da natureza**. São Paulo: Paz e Terra, 1977.

FACHIN, O. **Fundamentos de metodologia**: noções básicas em pesquisa científica. 6. ed. São Paulo: Saraiva, 2017.

FALAVIGNA, M. et al. Diretrizes para o tratamento farmacológico da COVID-19. Consenso da Associação de Medicina Intensiva Brasileira, da Sociedade Brasileira de Infectologia e da Sociedade Brasileira de Pneumologia e Tisiologia. **Revista Brasileira de Terapia Intensiva**, v. 32, n. 2, p. 166-196, 2020. Disponível em: <https://sbpt.org.br/portal/wp-content/uploads/2020/07/Consenso-Brasileiro.pdf>. Acesso em: 11 mar. 2022.

FAUSTO, B. **História do Brasil**. 2. ed. São Paulo: Ed. da USP, 1995.

FAVENI – Faculdade Venda Nova do Imigrante. **Metodologia científica**. Apostila. Disponível em: <http://ava.institutoalfa.com.br/tcc/apostila-de-metodologia-cient%C3%ADfica.pdf> Acesso em: 14 mar. 2022.

FERNANDES, I. M. B.; PIRES, D. M.; DELGADO-IGLESIAS, J. Perspetiva Ciência, Tecnologia, Sociedade, Ambiente (CTSA) nos manuais escolares portugueses de Ciências Naturais do 6º ano de escolaridade. **Ciência & Educação**, Bauru, v. 24, n. 4, p. 875-890, 2018. Disponível em: <https://www.scielo.br/j/ciedu/a/XcbxVqHYGfXFy58t66Kkgtd/?format=pdf&lang=pt>. Acesso em: 11 mar. 2022.

FERREIRA, C. S.; SANTOS, E. N. dos. Políticas públicas educacionais: apontamentos sobre o direito social da qualidade na educação. **Revista Labor**, v. 1, n. 1, 2014. Disponível em: <http://www.periodicos.ufc.br/labor/article/view/6627/4851>. Acesso em: 9 mar. 2022.

FERREIRA, R. M.; GONÇALVES, S. N. **O poder judiciário na ordem constitucional brasileira**. Disponível em: <https://www.oabgo.org.br/arquivos/downloads/2-055317.pdf>. Acesso em: 10 mar. 2022.

FIOCRUZ - Fundação Oswaldo Cruz. In vivo. **A teoria do flogisto**. Disponível em: <http://www.invivo.fiocruz.br/cgi/cgilua.exe/sys/start.htm?infoid=1454&sid=9>. Acesso em: 8 mar. 2022.

FONTELLES, M. J. et al. Metodologia da pesquisa científica: diretrizes para a elaboração de um protocolo de pesquisa. **Revista Paraense de Medicina**, v. 23, n. 3, jul./set., 2009. Disponível em: <https://files.cercomp.ufg.br/weby/up/150/o/Anexo_C8_NONAME.pdf>. Acesso em: 11 mar. 2022.

FREIRE-MAIA, N. **A ciência por dentro**. 6. ed. Petrópolis: Vozes, 2000.

FREITAS, E de. Estrutura político-administrativa do Brasil. **Brasil Escola**. Disponível em: <https://brasilescola.uol.com.br/brasil/a-estrutura-politico-administrativa-brasil.htm>. Acesso em: 9 mar. 2022.

GARCIA, L. P.; DUARTE, E. Intervenções não farmacológicas para o enfrentamento à epidemia da COVID-19 no Brasil. **Epidemiologia e Serviços de Saúde**, v. 29, n. 2, Brasília, 2020. Disponível em: <http://scielo.iec.gov.br/pdf/ess/v29n2/2237-9622-ess-29-02-e2020222.pdf>. Acesso em: 11 mar. 2022.

GERBASE, A. et al. Gerenciamento de resíduos químicos em instituições de ensino e pesquisa. **Química Nova**, v. 28, n. 1, p. 3, 2005. Disponível em: <https://www.scielo.br/j/qn/a/NBwbRgZ6PdBsQSgk6qsmr8f/?format=pdf&lang=pt>. Acesso em: 9 mar. 2022.

GERHARDT, T. E.; SILVEIRA, D. T. (Org.). **Métodos de pesquisa**. Porto Alegre: Ed. da UFRGS, 2009.

GERHARDT, T. E. A construção da pesquisa. In: GERHARDT, T. E.; SILVEIRA, D. T. (Org.). **Métodos de pesquisa**. Porto Alegre: Ed. da UFRGS, 2009. p. 43-64.

GIL, A. C. **Como elaborar projetos de pesquisa**. 4. ed. São Paulo: Atlas, 2007.

GIL, A. C. **Métodos e técnicas de pesquisa social**. 6. ed. São Paulo: Atlas, 2008.

GIL, A. C. **Métodos e técnicas de pesquisa social**. 7. ed. São Paulo: Atlas, 2019.

GOBB. K. Conheça a importância e os benefícios da tecnologia na educação. **Imaginie Educação**, 28 fev. 2020. Disponível em: <https://educacao.imaginie.com.br/tecnologia-na-educacao-qual-o-beneficio/>. Acesso em: 10 mar. 2022.

GONÇALVES, F. P. et al. **Como é ser professor de química: histórias que nos revelam**. In: ENCONTRO IBERO-AMERICANO DE COLETIVOS ESCOLARES E REDES DE PROFESSORES QUE FAZEM INVESTIGAÇÃO NA SUA ESCOLA, 4., 2005, Lageado/RS. Disponível em: <http://ensino.univates.br/~4iberoamericano/trabalhos/trabalho086.pdf>. Acesso em: 24 jan. 2022.

GUIMARÃES, M. Por uma educação ambiental crítica na sociedade atual. **Margens**, Abaetetuba, v. 7, n. 9, p. 11-22, 2013. Disponível em: <https://periodicos.ufpa.br/index.php/revistamargens/article/view/2767/2898>. Acesso em: 11 mar. 2022.

GÜNTHER, H. Pesquisa qualitativa versus pesquisa quantitativa: esta é a questão? **Psicologia: Teoria e Pesquisa**, v. 22, n. 2, p. 201-210, 2006. Disponível em: <https://www.scielo.br/j/ptp/a/HMpC4d5cbXsdt6RqbrmZk3J/?lang=pt&format=pdf>. Acesso em: 11 mar. 2022.

IUS NATURA. **Confira 3 alternativas de tecnologias ambientais sustentáveis**. 16 out. 2018. Disponível em: <https://iusnatura.com.br/tecnologias-ambientais/>. Acesso em: 11 mar. 2022.

IPEA – Instituto de Pesquisa Econômica Aplicada. Centro de Pesquisa em Ciência, Tecnologia e Sociedade. **A ciência e a tecnologia como estratégia de desenvolvimento**. 11 jul. 2019. Disponível em: <https://www.ipea.gov.br/cts/pt/central-de-conteudo/artigos/artigos/116-a-ciencia-e-a-tecnologia-como-estrategia-de-desenvolvimento>. Acesso em: 10 mar. 2022.

JOST, H. Q. **O papel do legislativo municipal**. Disponível em: <https://www.unipublicabrasil.com.br/uploads/materiais/2ec364de8d4de9ff4f85e621ce4a8df604042017194539.pdf>. Acesso em: 4 out. 2021.

JÚNIOR, R. O que é Poder Executivo? **Politize!**, 10 maio 2018. Disponível em: <https://www.politize.com.br/poder-executivo-o-que-e/>. Acesso em: 9 mar. 2022.

KÖCHE, J. C. **Fundamentos de metodologia científica**: teoria da ciência e iniciação à pesquisa. Rio de Janeiro: Vozes, 2011.

KOHN, K.; MORAES, C. H. de. O impacto das novas tecnologias na sociedade: conceitos e características da Sociedade da Informação e da Sociedade Digital. In: INTERCOM – SOCIEDADE BRASILEIRA DE ESTUDOS INTERDISCIPLINARES DA COMUNICAÇÃO; CONGRESSO BRASILEIRO DE CIÊNCIAS DA COMUNICAÇÃO, 30., Santos, 2007. **Anais**... Disponível em: <https://www.intercom.org.br/papers/nacionais/2007/resumos/R1533-1.pdf>. Acesso em: 11 mar. 2022.

KRASILCHIK, M.; MARANDINO, M. **Ensino de ciências e cidadania**. 2. ed. São Paulo: Moderna, 2007.

LAZZARIN, I. L.; MALACARNE, V. A ética no ensino de química: um olhar a partir das publicações no encontro nacional de ensino de química e nas revistas Química Nova e Química Nova na Escola. **Educere et Educare**, v. 13, n. 27, 2018. Disponível em: <https://e-revista.unioeste.br/index.php/educereeteducare/article/view/17041/13163>. Acesso em: 9 mar. 2022.

LENARDÃO, E. J. et. al. "Green Chemistry": os 12 princípios da química verde e sua inserção nas atividades de ensino e pesquisa. **Química Nova**, v. 26, n. 1, p. 123-129, 2003. Disponível em: <https://www.scielo.br/j/qn/a/XQTWJnBbnJWtBCbYsKqRwsy/?format=pdf&lang=pt>. Acesso em: 9 mar. 2022.

LENZI, T. Como funciona o Poder Executivo. **Toda política**, 13 out. 2017a. Disponível em: <https://www.todapolitica.com/poder-executivo/>. Acesso em: 9 mar. 2022.

LENZI, T. O que são as políticas públicas. **Toda política**, 5 set. 2017b. Disponível em: <https://www.todapolitica.com/politicas-publicas/>. Acesso em: 9 mar. 2022.

LENZI, T. Políticas públicas. **Significados**. Disponível em: <https://www.significados.com.br/politicas-publicas/>. Acesso em: 10 mar. 2022.

LENZI, T. Políticas públicas na educação: quais são e quem faz? **Toda Política**, 11 maio 2018. Disponível em: <https://www.todapolitica.com/politicas-publicas-na-educacao/>. Acesso em: 9 mar. 2022.

LIMA, L. D. O. **Piaget para principiantes**. 5. ed. São Paulo: Summus, 1980.

LOPES, S. O impacto das tecnologias no meio ambiente. **Bi4all**, 18 jun. 2018. Disponível em: <https://www.bi4all.pt/noticias/blog/o-impacto-das-tecnologias-no-meio-ambiente/>. Acesso em: 11 mar. 2022.

LÓPEZ, J. L. L.; CEREZO, J. A. L. Educación CTS en acción: enseñanza secundaria y universidad. In: GARCÍA, M. I. G.; CEREZO, J. A. L.; LÓPEZ, J. L. L. **Ciencia, tecnología y sociedad: una introducción al estudio social de la ciencia y la tecnología**. Madrid: Editorial Tecnos, 1996. p. 225-252.

MAAR, J. H. Aspectos históricos do ensino superior de química. **Scientiae Studia**, São Paulo, v. 2, n. 1, p. 33-84, 2004. Disponível em: <https://www.revistas.usp.br/ss/article/view/10994/12762>. Acesso em: 8 mar. 2022.

MARCILIO, R. B. Educação e cidadania. **Revista de Educação**, v. 10, n. 10, p. 88-99, 2007. Disponível em: <https://seer.pgsskroton.com/educ/article/view/2141>. Acesso em: 9 mar. 2022.

MARCONDES, M. E. R. et al. Materiais instrucionais numa perspectiva CTSA: uma análise de unidades didáticas produzidas por professores de Química em formação continuada. **Investigações em Ensino de Ciências**, Porto Alegre, v. 14, n. 2, p. 281-298, 2009. Disponível em: <https://www.if.ufrgs.br/cref/ojs/index.php/ienci/article/viewFile/359/226>. Acesso em: 11 mar. 2022.

MARCONI, M. de A.; LAKATOS, E. M. **Fundamentos de metodologia científica**. 5. ed. São Paulo: Atlas, 2003.

MARCONI, M. de A.; LAKATOS, E. M. **Fundamentos de metodologia científica**. 8. ed. São Paulo: Atlas, 2019.

MARTÍN, M. M. Formación para la ciudadanía y educación superior. **Revista Iberoamericana de Educación**, Madri, n. 42, p. 85-102, 2006. Disponível em: <https://rieoei.org/historico/documentos/rie42a05.pdf>. Acesso em: 11 mar. 2022.

MARTINS, A. B.; SANTA MARIA, L. C. de; AGUIAR, M. R. M. P. de. As drogas no ensino de química. **Química Nova na Escola**, São Paulo, n. 18, p. 18-21, 2003. Disponível em: <http://qnesc.sbq.org.br/online/qnesc18/A04.PDF>. Acesso em: 8 mar. 2022.

MARTINS, E. **Coleta de dados**: o que é, metodologias e procedimentos. 2019. Disponível em: <https://blog.mettzer.com/coleta-de-dados/>. Acesso em: 8 mar. 2022.

MARTINS, G. A.; THEÓPHILO, C. R. **Metodologia da investigação científica para ciências sociais aplicadas**. 3. ed. São Paulo: Atlas, 2016.

MARTINS, I. Ciência, tecnologia sociedade na década da educação para o desenvolvimento sustentável. In: SEMINÁRIO IBERO-AMERICANO CIÊNCIA-TECNOLOGIA-SOCIEDADE NO ENSINO DAS CIÊNCIAS, 2, 2010, Brasília. **Caderno de resumos**, Brasília, 2010, p. 1-2. Disponível em: <https://blogs.ua.pt/isabelpmartins/bibliografia/educacao_para_uma%20nova_ordem_socioambiental.pdf>. Acesso em: 11 mar. 2022.

MARTINS, R. A. Ciência versus historiografia: os diferentes níveis discursivos nas obras sobre história da ciência. In: ALFONSO-GOLDFARB, A. M.; BELTRAN, M. H. R. (Ed.). **Escrevendo a história da ciência**: tendências, propostas e discussões historiográficas. São Paulo: EDUC; Livraria de Física, 2005. p. 115-145.

MARX, K.; ENGELS, F. **A ideologia alemã**. São Paulo: Grijalbo, 1977.

MENDES, M. **Ensino de eletroquímica sob a proposta CTSA na formação docente**. 92 f. Trabalho de Conclusão de Curso (Licenciatura em Química) – Universidade Tecnológica Federal do Paraná, Londrina, 2018. Disponível em: <http://riut.utfpr.edu.br/jspui/bitstream/1/12348/1/LD_COLIQ_2018_2_04.pdf>. Acesso em: 11 mar. 2022.

MERLEAU-PONTY, M. **Fenomenologia da percepção**. 2. ed. São Paulo: M. Fontes, 1999.

MICHEL, M. H. **Metodologia e pesquisa científica em ciências sociais**: um guia prático para acompanhamento da disciplina e elaboração de trabalhos monográficos. 3. ed. São Paulo: Atlas, 2015.

MOODLE UFSC. **Uso de citações em trabalhos científicos**. 2020. Disponível em: <https://moodle.ufsc.br/pluginfile.php/1255605/mod_resource/content/0/Citacoes_em_Trabalhos_Cientificos.pdf>. Acesso em: 14 mar. 2022.

MORAES, P. C. et al. Abordando agrotóxico no ensino da química: uma revisão. **Revista Ciência & Ideias**, v. 3, n. 1, set. 2010/abr. 2011. p. 1-15. Disponível em: <https://revistascientificas.ifrj.edu.br/revista/index.php/reci/article/view/74/121>. Acesso em: 8 mar. 2022.

MORAES FILHO, J. F.; MORAES, F. **A construção democrática**. Fortaleza: UFC, 1998.

NEVES, D. Política. **Brasil Escola**. Disponível em: <https://brasilescola.uol.com.br/politica>. Acesso em: 9 mar. 2022.

NÓVOA, A. (Coord.). **Os professores e a sua formação**. Lisboa: Dom Quixote, 1992.

NUNES, A. dos S.; ADORNI, D. de S. **O ensino de química nas escolas da rede pública de ensino fundamental e médio do município de Itapetinga/BA**: o olhar dos alunos. In: ENCONTRO DIALÓGICO TRANSDISCIPLINAR – ENDITRANS, Vitória da Conquista, 2010. Disponível em: <https://docplayer.com.br/67924108-O-ensino-de-quimica-nas-escolas-da-rede-publica-de-ensino-fundamental-e-medio-do-municipio-de-itapetinga-ba-o-olhar-dos-alunos.html>. Acesso em: 8 mar. 2022.

NUNES, A. O. **Abordando as relações CTSA no ensino da química a partir das crenças e atitudes de licenciados**: uma experiência formativa no sertão nordestino. 194 f. Dissertação (Mestrado em Ensino de Ciências Naturais e Matemática) – Universidade Federal do Rio Grande do Norte, Natal, 2010. Disponível em: <https://repositorio.ufrn.br/jspui/bitstream/123456789/16059/1/AlbinoON_DISSERT.pdf>. Acesso em: 10 mar. 2022.

OLIVEIRA, M. F. de. **Metodologia científica**: um manual para a realização de pesquisas em Administração. Catalão: UFG, 2011. Disponível em: <https://files.cercomp.ufg.br/weby/up/567/o/Manual_de_metodologia_cientifica_-_Prof_Maxwell.pdf>. Acesso em: 14 mar. 2022.

OLIVEIRA, R. J. O ensino das ciências e a ética na escola. **Química Nova na Escola**, v. 32, n. 4, p. 227-232, 2010. Disponível em: <http://qnesc.sbq.org.br/online/qnesc32_4/04-EA0310.pdf>. Acesso em: 8 mar. 2022.

OLIVEIRA, W. D; BENITE, A. M. C. Aulas de ciências para surdos: estudos sobre a produção do discurso de intérpretes de LIBRAS e professores de ciências. **Ciência & Educação**, Bauru, v. 21, p. 457-472, 2015. Disponível em: <https://www.scielo.br/j/ciedu/a/ptRBBNNwrCGdQKZv3FZvVMg/?format=pdf>. Acesso em: 8 mar. 2022.

PANIAGO, E. Políticas públicas. **Jus.com.br**, jun 2019. Disponível em: <https://jus.com.br/artigos/75475/politicas-publicas>. Acesso em: 10 mar. 2022.

PEDROLO. C. **História da Química**. 2014. Disponível em: <https://www.infoescola.com/quimica/historia-da-quimica/>. Acesso em: 8 mar. 2022.

PEREIRA, A. S. et al. **Metodologia da pesquisa científica**. Santa Maria: UFSM; NTE, 2018. Disponível em: <https://repositorio.ufsm.br/bitstream/handle/1/15824/Lic_Computacao_Metodologia-Pesquisa-Cientifica.pdf?sequence=1>. Acesso em: 8 mar. 2022.

PINHEIRO, N. A. M.; MATOS, E. A. S. A. de; BAZZO, W. A. Refletindo acerca da ciência, tecnologia e sociedade: enfocando o ensino médio. **Revista Iberoamericana de Educação**, n. 44, p. 147-165, 2007. Disponível em: <https://rieoei.org/historico/documentos/rie44a08.pdf>. Acesso em: 10 mar. 2022.

PINHEIRO, N. A. M.; SILVEIRA, R. M. C. F.; BAZZO, W. A. Ciência, Tecnologia e Sociedade: a relevância do enfoque CTS para o contexto do Ensino Médio. **Ciência & Educação**, Bauru, v. 13, n. 1, 2007. Disponível em: <https://www.scielo.br/j/ciedu/a/S97k6qQ6QxbyfyGZ5KysNqs/?format=pdf&lang=pt>. Acesso em: 10 mar. 2022.

POLETTI, R. **Constituições Brasileiras**: 1934. 3. ed. Brasília, DF: Senado Federal, 2012. (Coleção Constituições Brasileiras; v. 3).

POPPER, K. R. **A lógica da pesquisa científica**. São Paulo: Cultrix; Edusp, 1975.

PRAIA, J.; GIL-PÉREZ, D. e VILCHES, A. O papel da natureza da ciência na educação para a cidadania. **Ciência & Educação**, Bauru, v. 13, n. 2, p. 141-156, 2007. Disponível em: <https://www.scielo.br/j/ciedu/a/t9dsTwTyrrbz5qC3y5gCVGb/?format=pdf&lang=pt>. Acesso em: 10 mar. 2022.

PROJETO ACADÊMICO. **ABNT NBR 6027**: norma atualizada para Sumário de TCC e trabalhos. 2019. Disponível em: <https://projetoacademico.com.br/abnt-nbr-6027/>. Acesso em: 14 mar. 2022.

PRONATEC. **MEC lança programa de ensino técnico para estudantes do ensino médio**. 2020. Disponível em: <https://pronatec.pro.br/mediotec>. Acesso em: 9 mar. 2022.

QUIMENTÃO, F.; MILARÉ, T. Contextualização, interdisciplinaridade e experimentação na Proposta Curricular Paulista de Química. **Revista Ciência, tecnologia & Ambiente**, v. 1, n. 1, p. 47-54, 2015. Disponível em: <https://www.revistacta.ufscar.br/index.php/revistacta/article/view/11/10>. Acesso em: 8 mar. 2022.

RIBEIRO, G. W. **Funcionamento do poder legislativo municipal**. Brasília, DF: Secretaria Especial de Editoração e Publicações, 2012. Disponível em: <https://www2.senado.leg.br/bdsf/bitstream/handle/id/243081/04880digitaredl.pdf?sequence=4&isAllowed=y>. Acesso em: 14 mar. 2022.

RODRIGUES, W. C. **Metodologia científica**. Paracambi: Faetec; IST, 2007. Disponível em: <http://pesquisaemeducacaoufrgs.pbworks.com/w/file/fetch/64878127/Willian%20Costa%20Rodrigues_metodologia_cientifica.pdf>. Acesso em: 14 mar. 2022.

ROSSI, D. A. **Metodologia científica MBA**. 2013. Disponível em: <https://docplayer.com.br/2053466-Metodologia-cientifica-mba.html>. Acesso em: 14 mar. 2022.

SALOMÃO, A. C. **Número de matrículas de pessoas com deficiência cresce no Brasil**. 1º jun. 2015. Disponível em: <http://portal.mec.gov.br/ultimas-noticias/202-264937351/21439-numero-de-matriculas-de-pessoas-com-deficiencia-cresce-no-brasil>. Acesso em: 8 mar. 2022.

SANTOS, L. M. et al. **Congresso Internacional PDVL**: Avaliação das dificuldades na Aprendizagem de Química. 2014.

SANTOS, M. E. Relaciones entre Ciência, Tecnologia y Sociedad. In: MEMBIELA, P. (Org.). **Enseñanza de las ciencias desde la perspectiva Ciencia-Tecnología-Sociedad**: formación científica para la ciudadanía. Madri: Naveca, 2001.

SANTOS, P. M. de S. et al. Educação inclusiva no ensino de química: uma análise em periódicos nacionais. **Revista Educação Especial**, v. 33, n. 1, p. 1-19, 2020. Disponível em: <https://periodicos.ufsm.br/educacaoespecial/article/view/36887/html>. Acesso em: 8 mar. 2022.

SANTOS, W. L. P. dos. Contextualização no ensino de ciências por meio de temas CTS em uma perspectiva crítica. **Ciência & Ensino**, Bauru, v. 1, número especial, 2007. Disponível em: <http://files.gpecea-usp.webnode.com.br/200000358-0e00c0e7d9/AULA%206-%20TEXTO%2014-%20CONTEXTUALIZACAO%20NO%20ENSINO%20DE%20CIENCIAS%20POR%20MEI.pdf>. Acesso em: 11 mar. 2022.

SANTOS, W. L. P. dos.; MORTIMER, E. F. Uma análise de Pressupostos Teóricos da Abordagem C-T-S (Ciência – Tecnologia – Sociedade) no Contexto da Educação Brasileira. **Ensaio**, Belo Horizonte, v. 2, n. 2, p. 133-162, 2002. Disponível em: <https://www.scielo.br/j/epec/a/QtH9Srxp ZwXMwbpfpp5jqRL/?format=pdf&lang=pt>. Acesso em: 10 mar. 2022.

SANTOS, W. L. P. dos; SCHNETZLER, R. P. Função social: o que significa ensino de química para formar o cidadão. **Química Nova na Escola**, v. 4, n. 4, p. 28-34, 1996. Disponível em: <http://qnesc.sbq.org.br/online/qnesc04/pesquisa.pdf>. Acesso em: 11 mar. 2022.

SAVATER, F. **Ética para meu filho**. São Paulo: M. Fontes, 2004.

SCHNEIDER, M. J.; GUINDANI, E. R. A importância das políticas públicas educacionais na região do Pampa. In: SALÃO INTERNACIONAL DE ENSINO, PESQUISA E EXTENSÃO, 7., Alegrete, Universidade Federal do Pampa, 2015. **Anais**... Disponível em: <https://cursos.unipampa.edu.br/cursos/cienciashumanas/files/2012/02/a-importancia-das-politicas-publicas-educacionais-na-regiao-do-pampa.pdf>. Acesso em: 9 mar. 2022.

SEBRAE – Serviço Brasileiro de Apoio às Micro e Pequenas Empresas. **Políticas públicas**: conceitos e prática. Belo Horizonte: Sebrae/MG, 2008. (Série Políticas Públicas, v. 7). Disponível em: <http://www.mp.ce.gov.br/nespeciais/promulher/manuais/manual%20de%20politicas%20p%C3%9Ablicas.pdf>. Acesso em: 10 mar. 2022.

SECCHI, L. **Políticas públicas**: conceitos, esquemas de análises, casos práticos. São Paulo: Cengage Learning, 2010.

SIGELMANN, E. Tipos de pesquisa: aspectos metodológicos específicos. **Arquivos Brasileiros de Psicologia**, Rio de Janeiro, v. 36, n. 3, p. 141-155, 1984. Disponível em: <https://bibliotecadigital.fgv.br/ojs/index.php/abp/article/view/19012/17746>. Acesso em: 11 mar. 2022.

SILVA, A. M. da. Proposta para tornar o ensino de química mais atraente. **Revista de Química Industrial**, Rio de Janeiro, 2. Trimestre, 2011.

SILVA, A. M. da et al. **Destinação final das embalagens vazias de agrotóxicos no estado de Goiás**. Senai; UCG, 2003. Disponível em: <https://silo.tips/download/destinaao-final-das-embalagens-vazias-de-agrotoxicos-no-estado-de-goias-1>. Acesso em: 8 mar. 2022.

SILVA, I. N. da. **A formação de professores indígenas no contexto brasileiro**. 2015. Disponível em: <http://www.uneal.edu.br/sala-de-imprensa/noticias/2015/setembro/discurso-iraci-nobre.pdf>. Acesso em: 14 mar. 2022.

SILVA, J. A. **Curso de direito constitucional positivo**. São Paulo: Malheiros, 2003.

SILVA, M. G. L. da. **Repensando a tecnologia no ensino de química do nível médio**: um olhar em direção aos saberes docentes na formação inicial. Tese (Doutorado em Educação) – Universidade Federal do Rio Grande do Norte, Natal, 2003. Disponível em: <http://docente.ifrn.edu.br/albinonunes/disciplinas/ciencia-tecnologia-e-sociedade-especializacao-em-educacao/tese-2-cts>. Acesso em: 10 mar. 2022.

SILVA, R. de A. **Efeito do pré-tratamento ácido seguido de básico na hidrólise enzimática do bagaço de acerola**. 81 f. Dissertação (Mestrado em Engenharia Química) – Universidade Federal de Campina Grande, Campina Grande, 2014. Disponível em: <http://dspace.sti.ufcg.edu.br:8080/jspui/bitstream/riufcg/292/1/REBECA%20DE%20ALMEIDA%20SILVA%20-%20DISSERTA%C3%87%C3%83O%20PPGEQ%202014..pdf>. Acesso em: 8 mar. 2022.

SILVEIRA, D. Mais de 63% dos domicílios têm aceso à internet, aponta IBGE. **G1**. 24 nov. 2017. Disponível em: <https://g1.globo.com/economia/noticia/mais-de-63-dos-domicilios-tem-acesso-a-internet-aponta-ibge.ghtml>. Acesso em: 10 mar. 2022.

SILVEIRA, D. T.; CÓRDOVA, F. P. A pesquisa científica. In.: GERHARDT, T. E.; SILVEIRA, D. T. (Org.). **Métodos de pesquisa**. Porto Alegre: Ed. da UFRGS, 2009. p. 31-42.

SIGNIFICADOS. **Ética na filosofia**. Disponível em: <https://www.significados.com.br/etica-na-filosofia/>. Acesso em: 14 mar. 2022.

SOUSA, S. F. de.; SILVEIRA, H. E. da. Terminologias químicas na LiBras: a utilização de sinais na aprendizagem de alunos surdos. **Química Nova na Escola**, v. 33, n. 1, p. 37-46, 2012. Disponível em: <http://qnesc.sbq.org.br/online/qnesc33_1/06-PE6709.pdf>. Acesso em: 8 mar. 2022.

TAVARES, G. A.; BENDASSOLLI, J. A. Implantação de um programa de gerenciamento de resíduos químicos e águas servidas nos laboratórios de ensino e pesquisa no CENA/USP. **Química Nova**, Piracicaba, v. 28, n. 4, p. 732-738, 2005. Disponível em: <https://www.scielo.br/j/qn/a/WNKtjtHj4r5SXbnPS9BPCMj/?format=pdf&lang=pt>. Acesso em: 9 mar. 2022.

TORRES, C. A. **Ontologia *versus* Epistemologia**. 12 mar. 2018. Disponível em: <https://www.decisoesinterativas.com.br/2018/03/ontologia-versus-epistemologia.html>. Acesso em: 14 mar. 2022.

TORRESI, S. I. C. de; PARDINI, V. L.; FERREIRA, V. F. **Ética nas publicações científicas**. **Química Nova**, v. 31, n. 2, p. 197, 2008.

TORQUATO JR., E. Prolind: Uma realidade no processo de formação de professores indígenas. **Revista de Estudos Linguísticos, Literários, Culturais e da Contemporaneidade**, Garanhuns, 2015.

TREVISAN, T. S.; MARTINS, P. L. O. A prática pedagógica do professor de química: possibilidades e limites. **Unirevista**, v. 1, n. 2, 2006. Disponível em: <https://www.yumpu.com/pt/document/read/13056020/a-pratica-pedagogica-do-professor-de-quimica-possibilidades-e-limites>. Acesso em: 8 mar. 2022.

ULIANA, M. R.; MÓL, G. S. O processo educacional de estudante com deficiência visual: uma análise dos estudos de teses na temática. **Revista Educação Especial**, v. 30, n. 57, p. 145-162, jan./abr. 2017. Disponível em: <https://periodicos.ufsm.br/educacaoespecial/article/view/20289/pdf>. Acesso em: 8 mar. 2022.

UNESCO – Organização das Nações Unidas para a Educação, a Ciência e a Cultura. **Ciência, tecnologia e inovação no Brasil**. Disponível em: <https://pt.unesco.org/fieldoffice/brasilia/expertise/science-technology-innovation>. Acesso em: 14 mar. 2022.

VIEIRA, L. **Química, saúde e medicamentos**. Porto Alegre, 1996. Disponível em: <http://www.iq.ufrgs.br/aeq/html/publicacoes/matdid/livros/pdf/medicamentos.pdf>. Acesso em: 14 mar. 2022.

VILELA-RIBEIRO, E. B.; BENITE, A. M. C. A educação inclusiva na percepção de professores de Química. **Ciência & Educação**, Bauru, v. 16, p. 341-350, 2010. Disponível em: <https://www.scielo.br/j/ciedu/a/pf3LShhPBRJRbgtyLp3XxSC/?format=pdf&lang=pt>. Acesso em: 8 mar. 2022

ZANELLA, L. C. H. **Metodologia de pesquisa**. 2. ed. rev. atual. Florianópolis: Departamento de Ciências da Administração/UFSC, 2011. Disponível em: <http://arquivos.eadadm.ufsc.br/somente-leitura/EaDADM/UAB3_2013-2/Modulo_1/Metodologia_Pesquisa/material_didatico/Livro-texto%20metodologia.PDF>. Acesso em: 14 mar. 2022.

ZANOTTO, R. L.; SILVEIRA, R. M. C. F.; SAUER, E. Ensino de conceitos químicos em um enfoque CTS a partir de saberes populares. **Ciência & Educação**, Bauru, v. 22, n. 3, p. 727-740, 2016. Disponível em: <https://www.scielo.br/j/ciedu/a/9yjWrqNWN6yrn4rMnKTm3cm/?format=pdf&lang=pt>. Acesso em: 11 mar. 2022.

Bibliografia comentada

GERHARDT, T. E.; SILVEIRA, D. T. (Org.). **Métodos de pesquisa**. Porto Alegre: Ed. da UFRGS, 2009.

Nesse material, são abordados assuntos como a metodologia da pesquisa científica, os métodos de pesquisa, a elaboração de uma pesquisa científica, a estruturação do projeto de pesquisa, as tecnologias da informação e comunicação na pesquisa e a ética na elaboração e escrita de um trabalho científico.

Entre os artigos que compõem a obra, figura a classificação dos tipos de pesquisa quanto a sua abordagem, sua natureza, seus objetivos e os procedimentos; ainda são analisados os três eixos da pesquisa científica e as sete etapas.

KÖCHE, J. C. **Fundamentos de metodologia científica**: teoria da ciência e iniciação à pesquisa. Rio de Janeiro: Vozes, 2011.

O autor enfoca a teoria da ciência, contemplando os conceitos de conhecimento científico e a relação entre a ciência e os métodos científicos. Trata, ainda, de assuntos relacionados à prática da pesquisa científica como os problemas, as hipóteses e as variáveis da pesquisa, os tipos de pesquisa, a estrutura e as normas, além de dar ao leitor orientações para a elaboração dos relatórios de pesquisa.

MARCONI, M. de A.; LAKATOS, E. M. **Fundamentos de metodologia científica**. 5. ed. São Paulo: Atlas, 2003.

Nessa obra, as autoras comentam os diferentes tipos de métodos científicos, a metodologia científica e as técnicas aplicadas à pesquisa científica.

Nesse âmbito, descrevem as fases da pesquisa bibliográfica, as fichas e os resumos, a ciência e o conhecimento científico, os fatos, leis e a teoria em relação a ciência, as hipóteses, variáveis, o conceito e o planejamento e as técnicas de pesquisa. Elas trabalham a estrutura do projeto, o relatório da pesquisa, os conceitos e as características dos trabalhos científicos, os conceitos e a estrutura de alguns tipos de trabalhos como o artigo científico, a resenha crítica. Finalizando o livro, fornecem informações sobre as referências bibliográficas em diversos tipos de trabalhos científicos.

MORAES, B. M. et al (Org.). **Políticas públicas de educação**. Rio de Janeiro: Ministério Público do Estado do Rio de Janeiro; Universidade Federal Fluminense, 2016.

O livro consiste em uma coletânea de textos com considerações de pesquisadores sobre as políticas públicas de educação.

São temas contemplados nessa coletânea políticas de educação na atualidade como desdobramentos da Constituição Federal e da Lei de Diretrizes e Bases da Educação; papel do controle social na implementação das políticas públicas de educação no Brasil contemporâneo; contradições na formulação das políticas de educação; e a educação inclusiva de alunos com transtorno do espectro autista.

PEREIRA, A. S. et al. **Metodologia da pesquisa científica**. Santa Maria: UFSM; NTE, 2018. Disponível em: <https://repositorio.ufsm.br/bitstream/handle/1/15824/Lic_Computacao_Metodologia-Pesquisa-Cientifica.pdf?sequence=1>. Acesso em: 8 mar. 2022.

Nesse livro, os autores empreendem uma abordagem completa dos critérios de organização dos trabalhos científicos e caracterizam o estudo das principais etapas de uma pesquisa científica. Tratam também dos conceitos de ciência e de conhecimento científico, explorando os tipos de conhecimento. Além disso, explicam os principais conceitos da normatização dos trabalhos acadêmicos estabelecidos pela Associação Brasileira de Normas técnicas (ABNT). Eles tematizam as metodologias ativas de aprendizagem como uma forma de melhorar os processos educacionais, a metodologia do estudo de caso e a suas aplicações, o conceito de mapa conceitual, assuntos bastante úteis na elaboração de trabalhos acadêmicos. Por fim, detalham como elaborar um artigo científico.

Sobre a autora

Rebeca de Almeida Silva é bacharel em Engenharia Química pela Universidade Federal de Campina Grande (UFCG), na Paraíba, mestre em Engenharia Química pela mesma instituição e doutora em Engenharia de Processos pelo Centro de Ciências e Tecnologia da UFCG.

Os papéis utilizados neste livro, certificados por instituições ambientais competentes, são recicláveis, provenientes de fontes renováveis e, portanto, um meio responsável e natural de informação e conhecimento.

Impressão: Reproset
Abril/2022